L'or noir du Sénégal

Fary Ndao

L'or noir du Sénégal

Comprendre l'industrie pétrolière et ses enjeux au Sénégal

Essai

Illustration de couverture

Création graphique : Agence Motion (Sénégal)
Photo : Bateau de forage Tender drilling oil rig par Bomboman
Droits d'utilisation commerciale acquis sur www.istockphoto.com

Crédits iconographiques

Certaines images et illustrations ont été reproduites telles quelles ou modifiées par l'auteur à partir de documents publics ou d'ouvrages.

© Springer, Cairn Energy, BP, Edison Investment research, Simco, National geographic, FAR Limited, Kosmos Energy, Wiki Total, Heriott Watt University.

Remerciements

Aux précieux et exigeants relecteurs : M. Brochant, M.F.B. Sène, H. Anne, M. Diallo, A. Ndao et M. Fall.
A I.Bodian, pour ses conseils avisés.

Pour citer cet ouvrage :

NDAO, Fary, 2018, *L'or noir du Sénégal : comprendre l'industrie pétrolière et ses enjeux au Sénégal*, 259 p.

SOMMAIRE

Sigles et abréviations

AEME : Agence pour l'économie et la maitrise de l'énergie

AIE : Agence internationale de l'énergie

API : American Petroleum Index

BCF : Billion cubic feet

BP : British Petroleum

CCG : Centrale de production d'électricité à cycle combiné gaz

CGI : Code général des impôts

CH₄ : Méthane

CO₂ : Dioxyde de carbone

CRPP : Contrat de recherche et de partage de production

CRSE : Commission de régulation du secteur de l'électricité

GIEC : Groupement intergouvernemental d'experts sur le climat

GNL : Gaz naturel liquéfié

GPFG : Government pension fund global

COS-PETROGAZ: Comité d'orientation stratégique du pétrole et du gaz

ICS : Industries chimiques du Sénégal

INPG : Institut national du pétrole et du gaz

IRENA : Agence internationale des énergies renouvelables

FAR : First Australian Resources

FONSIS : Fonds souverain d'investissements stratégiques

FOB : Free on board

FPSO : Floating production storage and offloading

FLNG : Floating natural liquefied gas

GWh : Gigawattheure

IS : Impôt sur les sociétés

ITIE : Initiative pour la transparence des industries extractives

kWh : Kilowattheure

LPDSE : Lettre de politique de développement du secteur de l'énergie

MW : Mégawatt

MWh : Mégawattheure

NOx : Oxydes d'azote

OMVG : Organisation de mise en valeur du fleuve Gambie

OMVS : Organisation de mise en valeur du fleuve Sénégal

PMC : Performance Management Consulting

Petrosen : Société des pétroles du Sénégal

PSE : Plan Sénégal émergent

PV : Photovoltaïque

RSE : Responsabilité sociétale des entreprises

SAR : Société africaine de raffinage

STEP : Station de transfert d'énergie par pompage

TCF : Trillion cubic feet

TEP : Tonne équivalent pétrole

A mon grand frère et ami, Assane Ndao
Liant familial, ainé bienveillant et âme généreuse,
Tu es un exemple pour Amy, Sophie et moi,
Mënu ñu won am mag ju la gën.

Introduction

Ce livre est la conjonction de plusieurs passions et d'un constat. Passion tout d'abord pour l'humanité, son génie créateur, ses erreurs et son histoire multimillénaire tumultueuse. Passion également pour la nature, de l'atome à l'univers en passant par notre planète, la Terre. Elle qui, malgré ses 4,5 milliards d'années d'âge, reste encore si dynamique et si vivante, depuis ses entrailles remplies de magma jusqu'à sa surface où s'écoulent océans et nuages. Passion aussi pour les interactions entre cette humanité dont nous sommes les représentants les plus récents et cette nature qui, à travers la générosité de ses sols et de son sous-sol, nous fournit de quoi assurer notre subsistance ou faire du commerce.

Toutes ces passions ont progressivement généré celle, plus spécifique, pour une ressource naturelle unique en son genre : le pétrole. Ce concentré fossile d'énergie solaire accumulée par les végétaux, façonné dans les profondeurs de notre planète, a toujours participé au développement des activités de l'humanité. Elle qui a utilisé cette « huile de roche » depuis la plus haute antiquité pour embaumer ses morts, soigner des maladies ou imperméabiliser des bateaux de guerre. Le pétrole a surtout radicalement transformé le monde depuis sa « découverte » au milieu du XIXe siècle. Il s'est inscrit depuis lors au cœur de notre processus industriel de production de richesses et y joue encore un rôle clé en ce début de XXIe siècle. Il constitue cet « or noir » dont l'importance économique et géostratégique n'a jamais été démentie depuis 150 ans.

Cet intérêt de longue date pour cette ressource d'exception qu'est le pétrole a pu se matérialiser en publication à la suite du constat suivant : depuis l'annonce des découvertes de pétrole au Sénégal en octobre 2014, suivies du gaz en 2015, les Sénégalais ne sont pas assez ni bien informés. Malgré quelques controverses fortement médiatisées, leur connaissance de l'industrie pétrolière, des enjeux réels ou des implications futures de récentes découvertes d'hydrocarbures au Sénégal, est plutôt approximative, voire erronée dans certains cas. En effet, dès l'annonce de l'existence effective de pétrole et de gaz dans le sous-sol sénégalais, la société civile, les médias, les acteurs politiques et la jeunesse du pays se sont emparés de la question pétrolière avec un enthousiasme certes salutaire mais qui, de par le manque d'informations de base qui le sous-tendait, pouvait générer de profondes incompréhensions entre compatriotes. C'est à la fois pour assouvir une passion intellectuelle et dissiper de potentiels malentendus entre Sénégalais mais aussi entre ceux-ci et leurs partenaires économiques, qu'est née l'idée d'écrire « *L'or noir du Sénégal* ».

Que contient cet ouvrage et à qui s'adresse-t-il ? Ce livre est d'abord un essai de vulgarisation. Il n'a pas une ambition d'exhaustivité - tant cette industrie est vaste et complexe - mais cherche, comme l'indique son sous-titre, à faire « comprendre l'industrie pétrolière et ses enjeux au Sénégal ». Il a été écrit afin d'apporter, dans un langage accessible et de manière synthétique, les éclairages nécessaires à toute personne désireuse de comprendre l'amont pétrolier, c'est-à-dire l'ensemble des activités d'exploration et de production de pétrole et de gaz. Cette industrie occupera pour les 30 prochaines années un rôle de premier plan dans l'économie du Sénégal et pourrait changer, par ses multiples ramifications et à condition d'être bien pilotée, la vie de millions de Sénégalais. Cet ouvrage se propose ainsi de répondre aux questions suivantes que chacun s'est probablement déjà posées : qu'est-ce que le pétrole ? D'où vient-il et comment est-il formé ? Qu'en est-il du gaz ? Quelle place le pétrole et le gaz occupent-ils dans le monde et au Sénégal ? Grâce à quelles technologies sont-ils extraits et traités ? Combien cela coûte-t-il ? Comment sont préparés puis signés les contrats pétroliers entre le Sénégal et les compagnies étrangères ? Que gagnera l'État du Sénégal lorsque débutera la production du pétrole au large de Sangomar et du gaz à Cayar et Saint-Louis ? Comment pourrait-il utiliser cet argent ? Comment garantir la transparence et éviter la « malédiction du pétrole » qu'ont connue d'autres pays africains ? Quels impacts pourrait avoir l'exploitation du pétrole et du gaz sur les écosystèmes naturels, la vie du sénégalais « lambda » et sur la politique énergétique du Sénégal ?

Ces interrogations sont légitimes. Elles commandent donc des réponses précises. Que vous soyez lycéen, étudiant, universitaire, ingénieur, économiste, juriste, journaliste, entrepreneur, littéraire ou scientifique, ce livre se propose d'apporter des réponses claires à chacune de ces questions. Il est construit afin de vous donner une compréhension d'ensemble et des connaissances solides sur l'énergie et l'amont pétrolier au Sénégal. L'information technique y est présentée de manière claire mais les explications savantes sont bannies. Ce parti-pris en faveur de la simplicité n'aura cependant pas été adopté, je l'espère, au détriment de la rigueur scientifique ni de la fiabilité des sources documentaires. Un bref résumé de ce qu'il faut retenir est présenté à la fin de chaque chapitre afin de permettre au lecteur de faire le point ou de revenir sur les connaissances essentielles et ainsi faciliter sa progression au fil des pages.

Le livre se conclut par des propositions qui s'adressent aux décideurs actuels et futurs, aux compagnies pétrolières et aux citoyens, afin que ces ressources géologiques épuisables et présentes dans le sous-sol depuis près de 100 millions d'années puissent profiter à toutes les générations de Sénégalais dans le respect des écosystèmes naturels. En effet, une vigilance de premier plan sur le volet environnemental, une surveillance stricte des opérations pétrolières, l'allocation rationnelle des revenus pétroliers et gaziers ainsi que les choix sociétaux qui seront faits, devraient préparer le Sénégal à affronter le monde de demain et ses nombreux défis qui auront pour noms : écologie, réchauffement climatique, énergies renouvelables, alimentation durable, résilience etc. Un lexique situé en annexe revient sur la définition des principaux termes techniques, juridiques et économiques liés au pétrole et au gaz. Par ailleurs, il va sans dire que les positions, prévisions et orientations figurant dans cet ouvrage, bien que s'appuyant sur des documents officiels et publics, reflètent l'opinion de l'auteur et non celles de l'État du Sénégal ou des compagnies pétrolières citées.

Enfin, je ne saurais clore cette brève présentation sans remercier les relecteurs - amis et spécialistes - dont les précieuses suggestions ont permis d'aboutir à ce résultat final. Malgré leur contribution à l'amélioration du contenu de ce livre, je demeure le seul responsable des possibles zones d'ombre qui pourraient y subsister. Il y en aura sans doute car aucune œuvre humaine n'est, par essence, parfaite. Quoi qu'il en soit, si cet ouvrage constitue pour le lecteur une introduction qu'il juge accessible à l'industrie du pétrole et du gaz et l'aide à bâtir une réflexion autonome sur ses enjeux futurs au Sénégal, alors il aura rempli son objectif.

Première Partie

Généralités sur l'énergie et les hydrocarbures

Chapitre premier : Généralités sur l'énergie

1.1 - Qu'est-ce que l'énergie ?

Avant d'explorer le monde fascinant du pétrole et du gaz, élément central de la galaxie des énergies fossiles, intéressons-nous d'abord à l'univers de l'énergie. L'énergie : ce concept si usité restant pourtant quasi indéfinissable. Dans la conscience populaire, le mot énergie renvoie à de nombreux autres mots. Certains d'entre eux évoquent ses différentes formes et d'autres renvoient à ses diverses sources : électricité, chaleur, puissance, vitesse, nucléaire, pétrole, charbon, gaz, renouvelable, solaire etc. Si chacun de ces mots peut sans aucun doute être associé à l'énergie, aucun d'entre eux ne dit pourtant ce que signifie réellement ce concept. Pour le commun des mortels, l'énergie se confond avec ses utilisations finales comme l'électricité qui arrive à la maison ou le carburant qui fait fonctionner la voiture. Pendant plusieurs siècles, les scientifiques eux-mêmes ont eu beaucoup de mal à lui donner une définition recouvrant avec exactitude sa réalité physique. Mot d'origine grecque, l'énergie était définie par Aristote (384-322 avant JC) comme « une force en action ». Au cours des siècles suivants, plusieurs physiciens ont approché sa définition correcte tout en la confondant avec d'autres concepts physiques comme le travail mécanique, la force ou la puissance. Etienne Klein, physicien et philosophe français, reprenant Paul Valery, parle de cette époque d'approches conceptuelles et de définitions approximatives comme une période de « nettoyage de la situation verbale »[1] autour du mot énergie. Cette brume conceptuelle finit néanmoins par se dissiper définitivement en 1887 avec Max Planck (1858-1947), qui la définit[2] en insistant sur sa propriété fondamentale, c'est-à-dire sa conservation au cours du temps.

---

[1] KLEIN, Etienne, 2012, « *De quoi l'énergie est-elle le nom ?* », Conférence publique à l'Institut national des sciences et techniques nucléaires (INSTN) de Saclay, Paris.
[2] ROGERS, Kara, 2010, *Max Planck* in *The 100 most influential scientists of all time*, Britannica Educational Publishing, New-York, p. 222-225.

Mais pour la plupart des humains, simples « Einstein du quotidien » et non physiciens, l'énergie est cette chose qui permet d'éclairer une salle, amplifier un son, cuire un repas, lever un conteneur, déplacer une voiture et ses passagers ou changer la température d'une pièce. L'énergie, qu'elle soit chimique ou mécanique, calorifique ou électrique, nous permet en effet d'accélérer, découper, raboter, soulever, chauffer, refroidir, éclairer, transporter etc. En somme, « mesurer de l'énergie, c'est mesurer du changement » nous dit l'ingénieur Jean-Marc Jancovici[1].

L'énergie est donc une grandeur physique qui se conserve au cours du temps et qui mesure la capacité à changer l'état d'un système. Autrement dit, l'énergie nous permet de transformer le monde qui nous entoure et ce, en commençant par nos propres organismes. C'est en effet grâce à l'énergie chimique contenue dans les aliments que nous mangeons que nous pouvons produire de la chaleur pour maintenir la température de notre corps à 37°C et que nous augmentons la taille de nos os et de nos muscles. C'est grâce à cette même énergie chimique que nous renouvelons les réserves de nos muscles pour pouvoir être actif, labourer un champ, soulever une brique, couper un arbre, cliquer sur le clavier de notre ordinateur ou pour vous qui le tenez entre vos mains, tourner les pages de ce livre. L'énergie chimique contenue dans les cellules musculaires d'une vache va lui permettre, lorsqu'elle se déplace, de fournir de l'énergie mécanique à un outil qui va labourer la terre. De la même manière, l'énergie chimique contenue dans les liaisons carbone-hydrogène des hydrocarbures, peut être transformée en électricité ou en énergie mécanique. Il suffit pour cela de brûler le pétrole ou le charbon - c'est le phénomène de combustion - pour rompre ces liaisons chimiques, ce qui va libérer l'énergie qu'elles contenaient sous forme de chaleur. Celle-ci est ensuite transformée en électricité grâce à un alternateur relié à une turbine entrainée par de la vapeur d'eau. Cette électricité qui arrive chez nous peut faire fonctionner un ventilateur ou un climatiseur. L'énergie calorifique contenue dans la lumière solaire, lorsqu'elle tape la surface d'un panneau photovoltaïque, tout comme l'énergie chimique d'une batterie, permettent d'obtenir de l'électricité.

---

[1] JANCOVICI, Jean Marc, 2013, *Transition énergétique pour tous*, Odile Jacob, Paris.

Ainsi, si le monde qui nous entoure a été profondément modifié par l'homme, c'est parce que celui-ci a exploité de l'énergie dans des formes de plus en plus concentrées. Il a débuté par la modeste énergie mécanique fournie par ses bras et les animaux domestiques, puis s'est appuyé sur la force du vent et de l'eau avec les moulins, avant de finir par exploiter l'importante énergie chimique emprisonnée dans les hydrocarbures solides avec le charbon, puis liquides avec le pétrole.

Sans énergie, il n'y a ni électricité, ni machines, ni voitures, ni ordinateurs, ni internet, ni industrie, ni extraction de ressources naturelles, ni agriculture intensive, ni transport d'hommes ou de marchandises sur de longues distances : en somme, il n'y a pas d'activité économique. Sans énergie, il n'y a pas de vie non plus. L'énergie solaire, issue de la fusion nucléaire au sein de notre étoile, a permis de créer l'existence exceptionnelle d'eau liquide sur Terre entrainant la prolifération des molécules du vivant. Puis progressivement, la vie s'est complexifiée, toujours grâce à l'énergie : celle issue des fonds marins ou celle du soleil qui a permis le développement d'organismes complexes que sont les végétaux photosynthétiques. Ceux-ci et leur production d'oxygène ont permis l'explosion de la vie animale terrestre et océanique il y a plusieurs centaines de millions d'années.

L'énergie est le socle de la vie et de l'économie. Elle est contenue dans diverses sources et passe souvent d'une forme à une autre, d'un objet à un autre, d'une région à une autre etc. Lorsqu'elle provient d'une source diffuse (comme le vent, le soleil, les marées), on dit qu'elle est déconcentrée. Ce sont ces sources d'énergie déconcentrées et intermittentes, en plus de sa propre force et celle des animaux domestiques, que l'homme a utilisé pendant des millions d'années pour sa subsistance, de son apparition sur Terre jusqu'à la moitié du XIXe siècle. Ainsi, jusqu'à très récemment, l'humanité vivait quasi-exclusivement grâce aux énergies renouvelables et son principal défi, au cours de ce XXIe siècle, sera de remettre les énergies renouvelables au cœur de ses activités. En effet, l'énergie calorifique, avec la maitrise du feu remontant probablement à Homo Erectus il y a 400 000 ans, a toujours été réservée à des usages non industriels comme la cuisson domestique. Ceci avant que son utilisation systématique et hégémonique eût été entrainée par la découverte de la machine à vapeur et des lois de la thermodynamique au XIXe siècle. Depuis 1850, date de la vraie « révolution thermo-industrielle », formule empruntée à Alain Gras, l'humanité a donc fait le « choix du feu »[1] en optant pour l'utilisation massive du charbon suivie de celle du pétrole.

Le pétrole : miracle physique et socle de la modernité

Notre monde moderne est énergie, et le pétrole en est le pilier central. Pour s'en convaincre, examinons de plus près l'un de ses emblèmes : la voiture. A chaque étape de la vie de cette machine, de l'énergie intervient. En effet, pour construire les composants d'une voiture, il faut des métaux qui sont extraits du sous-sol avec de gros camions fonctionnant au gasoil, un dérivé du pétrole. Ensuite ces métaux sont purifiés grâce à d'importantes quantités d'énergie. Pour assembler ces composants, il faut également de l'énergie, souvent de l'électricité produite grâce au charbon. Enfin, pour faire fonctionner la voiture, il faut aussi que de l'énergie, sous forme de gasoil ou d'essence dérivé du pétrole, brûle dans un moteur. Or lorsque l'on dit d'un moteur qu'il a une puissance de 100 chevaux[2], cela signifie qu'il peut fournir une énergie mécanique équivalente à 100 chevaux tirant tous dans le même sens pendant une période donnée. Chose impressionnante lorsque l'on sait que ce moteur n'a besoin que de quelques litres de carburant pour déplacer une voiture pesant plus d'une tonne. Cette prouesse, au-delà de l'invention du moteur et des caractéristiques techniques de la voiture, est due avant tout à l'exceptionnelle concentration d'énergie chimique dans les hydrocarbures liquides. Ainsi, avec les rendements des moteurs thermiques classiques, un litre de pétrole permet de produire environ 10 kilowattheures (kWh) d'énergie calorifique et 3 kWh d'énergie mécanique. En comparaison, un maçon bien entrainé soulevant des briques pendant toute une journée produira au maximum 0,05 kWh mécanique pour un salaire de 2500 FCFA. Ainsi, l'énergie mécanique produite par un maçon coûte environ 64000 FCFA/kWh alors qu'un litre de pétrole, coûtant environ 240 FCFA hors taxes diverses, permet de fournir 3 kWh d'énergie mécanique, soit 80 FCFA/kWh. La conclusion à tirer est qu'un kilowattheure d'énergie mécanique produit par le pétrole

---

[1] GRAS, Alain, 2007, *Le choix du feu : Aux origines de la crise climatique*, Fayard, Paris.
[2] Le terme complet étant « chevaux vapeur »

est 800 fois moins cher que celui produit par un maçon sénégalais plutôt modestement payé. Ceci est le fruit de millions d'années de processus géologiques qui ont petit à petit accumulé l'énergie chimique dans ce concentré géologique liquide qu'est le pétrole. Le pétrole est ainsi un composé qui agit comme une « batterie » naturelle concentrant beaucoup d'énergie chimique.

C'est cela qui fait du pétrole un miracle physique et le socle de toute la production industrielle de l'Homme au cours du XXe siècle. Toute la recherche scientifique et les nouvelles machines n'ont servi qu'à améliorer les rendements énergétiques car c'est bien le pétrole qui constitue le socle du « développement » industriel avec, notamment, l'explosion des transports maritimes et routiers.

Au Sénégal, la consommation moyenne d'énergie par Sénégalais en 2016 était d'environ 0.30 tonnes équivalent pétrole (tep)[1]. Ce qui équivaut à environ 1000 kWh d'énergie mécanique. Rappel : un maçon produit au maximum 0,05 kWh d'énergie mécanique par jour avec ses bras. Cela signifie qu'en consommant 1000 kWh d'énergie mécanique par an pour satisfaire tous ses besoins en énergie (électricité, cuisson, transport, manutention, production industrielle, agricole etc.), chaque Sénégalais, du nouveau-né au retraité, dispose de l'équivalent de 55 maçons travaillant pour lui 24h/24[2]. Ces « esclaves énergétiques » virtuels et infatigables, s'ils existaient, auraient dû tourner des manivelles pour générer de l'électricité, pousser nos voitures, récolter nos fruits et légumes, ventiler un fourneau pour cuire nos repas, soulever des blocs de béton pour construire des bâtiments etc. Dans notre quotidien, ces « esclaves énergétiques » infatigables sont les machines (voitures, turbines, tracteurs, grues) et leur « nourriture » s'appelle charbon, essence, gasoil, fioul lourd, gaz butane etc.

---

[1] Source : Calculs de l'auteur d'après données SENELEC, AEME et ANSD. La tonne équivalent pétrole (tep) est une unité qui permet de comparer des quantités d'énergie en prenant comme référence celle fournie par une tonne de pétrole. 1 tep = 7,3 barils de pétrole = 11 630 kWh d'énergie thermique. Une tonne de bois vaut 0.32 tep et fournit donc 3 fois moins de chaleur qu'une tonne de pétrole.
[2] Méthode de calcul inspirée de l'ingénieur conseil en énergie-climat, Jean Marc Jancovici. Voir son site web : www.jancovici.com

C'est donc grâce aux sources carbonées, le charbon d'abord et le pétrole ensuite, que l'homme a pu disposer d'une énergie abondante et extrêmement bon marché comparée au coût de l'énergie produite par la force humaine ou celle des animaux. C'est cela qui lui a permis de démultiplier sa capacité d'action et de transformation du monde, de s'affranchir de la nécessité de se concentrer sur l'agriculture de subsistance pour se consacrer au développement scientifique, technique et économique. Le monde a radicalement changé aux XIXe et XXe siècles avec l'utilisation massive du charbon et du pétrole. Il s'est particulièrement accéléré sous l'impulsion de ce liquide précieux qui a fluidifié comme jamais les échanges de marchandises et d'informations. En effet, grâce au pétrole le monde a connu l'essor de l'industrie de la voiture, l'explosion du commerce international, le développement de l'agriculture intensive et son corollaire qu'est l'accroissement démographique à l'échelle mondiale. Plus récemment, la production électrique de masse, essentiellement à base de charbon et de gaz, a fourni l'énergie nécessaire à la démocratisation des nouvelles technologies de l'information et des télécommunications.

Depuis les années 1950, l'uranium, un concentré d'énergie nucléaire, est également utilisé pour produire de l'électricité. Cependant, à la différence des hydrocarbures, l'uranium utilisé dans les centrales nucléaires nécessite un traitement[1] via une technologie complexe et qui peut s'avérer dangereux s'il n'est pas maitrisé. Cela, rajouté au risque militaire d'utilisation des déchets nucléaires comme le plutonium, ralentit naturellement le développement de cette source d'énergie qui n'émet pourtant pas de CO_2. Le nucléaire a également contre lui les dangers sanitaires liés à la radioactivité de ses déchets et aux accidents nucléaires comme ceux de Tchernobyl en Ukraine en 1986 ou de Fukushima au Japon en 2011. A l'inverse, le pétrole, cet autre concentré d'énergie comme nous avons pu le voir au paragraphe précédent, est un composé naturel liquide, ce qui le rend donc facilement transportable car il remplit les contenants où il est stocké (baril, bidon, réservoir, cale de bateaux). De plus, comme pour le charbon et à degré moindre le gaz naturel, il ne requiert que des techniques rudimentaires pour être

---

[1] Ce traitement consiste à enrichir artificiellement le combustible d'uranium par la sélection préférentielle d'un de ses isotopes, en l'occurrence l'uranium 235.

exploité : de la combustion et un moteur. L'ensemble de ces caractéristiques physiques naturelles ainsi que leur facilité technique d'exploitation font des sources d'énergie carbonées les champions incontestés parmi les sources d'énergie. En 2016, elles représentaient ainsi 86 % de la consommation mondiale d'énergie. Cependant, leur hégémonie ne doit pas occulter la préoccupante concentration du dioxyde de carbone (CO_2) dans l'atmosphère, principalement due à leur combustion et leur utilisation excessive. Ces rejets de CO_2 entrainent un renforcement de l'effet de serre naturel de notre planète, ce qui accélère le réchauffement climatique. Celui-ci fait l'objet de publications régulières du GIEC et de conférences internationales sur le climat telles que la Conférence des parties (COP 21) de Paris en 2015. S'il n'est pas atténué très rapidement - on parle de 2030 - le réchauffement climatique menace les conditions d'existence de l'espèce humaine sur Terre. En raison de ces risques encourus par tous les Terriens, il est de la responsabilité des gouvernements ainsi que des sociétés civiles nationales de favoriser, à moyen et long terme, une transition énergétique qui privilégiera des sources d'énergie émettant peu ou pas de CO2.

1.2 - Les différentes sources d'énergie

L'énergie, comme nous l'avons vu précédemment, se conserve au cours du temps. Ainsi, on ne peut pas produire de l'énergie, mais seulement l'extraire d'une source où elle se trouve sous une forme donnée puis l'utiliser ou la transformer en une autre forme d'énergie (électricité, chaleur, énergie mécanique). Cette transformation d'une forme à une autre s'accompagne d'une dégradation irréversible de la qualité de l'énergie qui finit par se dissiper sous forme non utile souvent qualifiée de « pertes ». Cette dégradation naturelle s'explique par la seconde loi de la thermodynamique : la loi de l'entropie. Nous n'entrerons cependant pas dans les détails cette loi physique progressivement découverte au XIXe siècle avec notamment un apport décisif de l'ingénieur et physicien français Sadi Carnot (1796-1832).[1]

---

[1] Pour aller plus loin, voir l'ouvrage de P.W.Atkins, « *La chaleur et le désordre : la deuxième loi de la thermodynamique* » qui explique en détail la portée du concept d'entropie.

Pour trouver l'énergie dont nous avons besoin ou que nous transformons, il faut aller la prélever dans la nature où elle est contenue dans diverses sources. Ces sources, formées sans intervention humaine et qui peuvent être directement prélevées moyennant quelques investissements, constituent ce que l'on appelle l'énergie primaire. Ainsi le pétrole est une énergie primaire, le gaz et le charbon aussi, tout comme l'uranium. Ils constituent le sous-groupe des sources fossiles d'énergie primaire, plus connues sous le vocable d'« énergies fossiles ». Le terme « fossile », emprunté à la paléontologie, renvoie à l'idée que ces sources d'énergie primaire ont été formées à des époques géologiques très anciennes (plusieurs dizaines de millions d'années) grâce à des processus naturels qui se déroulent sur plusieurs millions d'années. Ainsi, les énergies fossiles même si elles continuent à se former à des rythmes imperceptibles pour nous, sont des sources non renouvelables. Cela signifie qu'à l'échelle d'une génération ou d'une vie humaine, il est impossible pour quelqu'un d'assister à la formation naturelle de pétrole, de gaz ou d'uranium. Pour nous, le stock des énergies fossiles que nous exploitons est donné en quantités finies : un gisement de pétrole, une fois qu'il est exploité, ne se renouvelle pas spontanément contrairement à l'eau qui s'accumule dans un barrage hydroélectrique. Ce caractère fini des énergies fossiles a une implication physique : leur production est vouée à passer par un maximum avant de décliner de manière irréversible sur le long terme.

A côté de ces sources fossiles, épuisables et non renouvelables, il existe des sources d'énergie primaire que l'on qualifie de « renouvelables ». En effet, les processus naturels qui permettent de les former peuvent se répéter, se renouveler, plusieurs fois par jour, dans une année, par décennie ou dans une vie. Ces sources, communément appelées « énergies renouvelables », sont constituées par l'énergie biochimique qui se renouvelle dans notre corps lorsque nous mangeons mais aussi par le bois (la biomasse) que nous fournissent les arbres qui repoussent au bout de quelques années. Il s'agit également de l'énergie mécanique fournie quotidiennement par les marées, les fleuves et le vent. La plus emblématique de ces sources renouvelables d'énergie primaire reste l'énergie solaire qui nous arrive quotidiennement du ciel. Une autre source d'énergie renouvelable est la chaleur interne de la terre qui s'échappe en permanence du sous-sol en certains endroits comme les geysers.

Qu'elles soient fossiles ou renouvelables, les sources d'énergie primaire permettent de fournir de l'énergie dite secondaire grâce à des dispositifs techniques simples (moulin pour le vent, fourneau pour le charbon etc.) ou plus complexes (pâles éoliennes, panneau photovoltaïque, centrale nucléaire). L'électricité et la chaleur sont par exemple des formes d'énergie secondaire qui jouent souvent un rôle de vecteur énergétique, en permettant de transporter l'énergie sur des distances variables. Les carburants comme l'essence, le gasoil, le kérosène - tous dérivés du pétrole par raffinage - sont également des formes d'énergie secondaire. Le passage de l'énergie primaire à l'énergie secondaire se fait toujours avec des « pertes » comme nous l'évoquions plus haut. Cela signifie que lorsque vous brûlez du bois pour en tirer la chaleur qui fera bouillir la sauce contenue dans votre marmite, vous ne récupérez, de manière effective sous forme de chaleur, qu'une partie de l'énergie contenue dans le bois que vous venez de brûler. L'autre partie s'échappe sous forme de chaleur qui se dissipe dans la nature.

Bien souvent, l'énergie secondaire doit elle aussi être transformée pour être utilisable sous forme de lumière, d'énergie mécanique ou d'air frais émis par le climatiseur d'un bureau. Là aussi, cette transformation de l'énergie secondaire en énergie finale parvenant au consommateur s'effectue à l'aide de dispositifs où les pertes sont inévitables. Ainsi, lorsque vous mettez dix litres d'essence dans le moteur de votre voiture, au moins six de ces dix litres ne servent pas à faire avancer le véhicule. Cette énergie contenue dans les six litres est « perdue » essentiellement sous forme de chaleur. C'est ce qui explique que le capot de votre voiture est chaud quand vous conduisez.

1.3 - Usages de l'énergie dans le monde

D'après la BP statistical review of World Energy 2017, l'humanité a consommé en 2016 un volume de 13,3 Gigatep (Gtep) d'énergie primaire soit un peu plus de 13 milliards de tonnes équivalent pétrole. Derrière ces chiffres quelque peu inhospitaliers, se cachent plusieurs faits marquants comme l'omniprésence et l'omnipotence des sources fossiles. En effet, le pétrole constituait en 2016 environ 33 % de l'énergie primaire consommée dans le monde. Il était suivi de près par le charbon avec 29 % et par le gaz naturel qui, lui, comptait pour 24 % (voir figure 1).

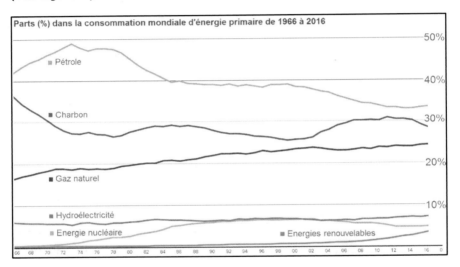

Figure 1 : Part des différentes sources d'énergie primaire dans le monde 1966-2016. Source : BP review 2017

Ainsi, les sources carbonées d'énergie, émettrices de CO_2 lors de leur combustion, constituent 86 % de l'énergie primaire mondiale. Cela peut surprendre, lorsque l'on sait l'urgence climatique, et plus généralement écologique, telle qu'elle est décrite par les nombreux plaidoyers et études scientifiques au cours des dernières décennies[1].

---

[1] Il s'agit du rapport Meadows 1972, du rapport Bruntland 1987, du sommet de Rio 1992, du sommet de la Terre 2002, des publications du GIEC pour le climat.

Si en valeur relative, leur poids dans le bilan énergétique mondial diminue (94 % en 1965 contre 86 % en 2015), le pétrole, le charbon et le gaz naturel ont vu leur consommation globale en volume être multipliée par trois en 40 ans. De nombreux pays, aujourd'hui qualifiés d' « émergents » comme la Chine, l'Inde ou le Brésil, ont contribué à cette hausse de la consommation d'énergies fossiles émettrices de CO_2. Ils se sont inscrits dans la droite ligne des pays occidentaux qui avaient initié dès le XIXe siècle et accru tout au long du XXe siècle, leur consommation de charbon et de pétrole pour assurer et accroître leur « développement ».

Si le statu quo sur les énergies fossiles perdure, et ce malgré la percée des énergies renouvelables comme le solaire et l'éolien depuis 2000, c'est parce que l'économie mondiale et certains de ses piliers comme le transport, socle du commerce, et la production d'électricité, fondement de l'industrie et de l'habitat urbain, dépendent entièrement du pétrole, du charbon et du gaz. En effet, 95 % du transport mondial s'effectue grâce à des carburants dérivés du pétrole. Le diesel et l'essence pour les voitures, le fuel des bateaux ou le kérosène des avions sont tous issus du raffinage du pétrole. Les voitures électriques, nouvelles égéries des marques de voitures, ne représentaient, selon l'agence internationale de l'énergie (AIE) que 2 millions de véhicules en 2015 soit seulement 0,2 % du parc automobile global[1]. Les chiffres de leurs ventes sont cependant en nette progression et l'AIE estime entre 40 et 70 millions les effectifs de véhicules électriques qui seront commercialisés à l'horizon 2025. La voiture électrique pose cependant, sur le long terme, le problème de l'approvisionnement en métaux pour les batteries et la source de l'électricité. Ces interrogations sur la production d'électricité proviennent du fait qu'elle dépend encore largement à 60 % des sources fossiles émettrices de CO_2. En effet, l'électricité dans le monde est produite à 23 % avec du gaz naturel, à 5 % par du pétrole et surtout à 39 % avec du charbon qui est, de loin, la première source de production d'électricité dans le monde. La Chine, les USA, l'Allemagne et l'Afrique du Sud, pays ayant les plus grandes productions industrielles en Asie, en Amérique, en Europe occidentale et en Afrique, produisent

---

[1] AIE, Agence internationale de l'énergie, 2017, *Global EV Outlook 2017 Two million and counting,* OCDE/AIE, Paris.

principalement leur électricité à partir de charbon. Cela s'explique par le fait que le charbon est une ressource ayant une très bonne compacité énergétique massique, tout comme le pétrole. Cela signifie que dans un kilogramme de charbon, vous aurez plus d'énergie que dans un kilo de paille. La compacité énergétique peut également être volumique. On compare alors la quantité d'énergie pouvant être produite par un même volume de différents matériaux. Le caractère solide et compact du charbon le rend cependant difficile à manipuler (manutention) et à stocker et presque tous les pays qui en disposent l'utilisent plutôt localement comme combustible dans leurs centrales électriques thermiques. L'Afrique du Sud en exporte néanmoins beaucoup.

Des contraintes climatiques et des incitations politiques pourraient accélérer de manière inattendue le développement des énergies renouvelables (3 % de l'énergie mondiale hormis l'hydroélectricité). Cependant, les plus récentes études de prospective (BP statistical review of World energy, International energy outlook de l'AIE[1]) estiment que la demande globale en énergie primaire d'origine fossile, notamment celle du gaz, pourrait augmenter durant les 20 prochaines années. L'Afrique, avec environ 8 % des réserves prouvées de pétrole, 8 % du gaz et un peu moins de 4 % du charbon, pourrait, avec des efforts supplémentaires dans l'exploration, jouer un rôle important pour tenter de répondre à cet accroissement de la demande énergétique mondiale. Elle devra surtout satisfaire une demande intérieure qui sera de plus en plus importante. C'est ce qui explique l'attrait récent des compagnies pétrolières mondiales pour ses bassins sédimentaires situés en mer et relativement peu explorés. Un tel contexte régional et international avec un offshore africain constituant l'une des nouvelles « frontières pétrolières » a permis la découverte en octobre 2014 et en mai 2015 de plusieurs gisements d'hydrocarbures au large des côtes sénégalaises. Avant de revenir sur ces découvertes (localisation, taille, acteurs, potentiel économique), examinons plus en détail la nature, les modes d'exploration et de production du pétrole et du gaz qu'elles renferment.

---

[1] AIE, Agence internationale de l'énergie, 2017, *World Energy Outlook-2016*, OCDE/AIE, Paris.

Chapitre 1 : Généralités sur l'énergie

Ce qu'il faut retenir

✓ L'énergie nous permet de transformer le monde qui nous entoure. Elle se conserve au cours du temps mais sa qualité se dégrade irréversiblement.

✓ L'énergie abondante et peu chère (charbon puis pétrole), couplée à la technique, a transformé le monde depuis 150 ans mais elle est en quantité limitée sur Terre (pic de production des énergies fossiles).

✓ L'énergie produite par le pétrole coûte 800 fois moins cher que celle produite par les muscles d'un être humain.

✓ L'énergie est classée en sources primaire et secondaire. L'énergie primaire nous est fournie par la nature. L'énergie secondaire (chaleur, électricité) est issue de la transformation de l'énergie primaire. L'énergie finale arrive au consommateur.

✓ Le pétrole, le charbon et le gaz constituent 86 % de l'énergie primaire utilisée dans le monde. Ils servent essentiellement à produire de l'électricité et des carburants pour le transport.

✓ Le pétrole, le charbon et le gaz sont des sources non renouvelables d'énergie primaire. Leur combustion produit du CO_2, ce qui entraine un réchauffement climatique global.

✓ Si nos modes de consommation se maintiennent, la demande en énergie va croitre dans le futur. Outre le pétrole et le gaz, il faudra intégrer de plus en plus les sources renouvelables d'énergie primaire dans le mix énergétique mondial afin d'éviter un emballement climatique.

Chapitre 2 : Pétrole et gaz : origine, exploration et production

2.1 - Origine du pétrole et du gaz naturel

Le pétrole (du latin petra, pierre ou roche et oleum, huile) signifie littéralement « huile de roche ». C'est un composé naturel liquide qui contient plusieurs hydrocarbures tels que l'essence, le gasoil, le kérosène, le butane, le naphta etc. Le pétrole est issu de la concentration de minuscules cadavres d'algues qui sont enfouis dans le sous-sol avant d'être chauffés par la chaleur interne de la terre pendant plusieurs millions d'années dans des conditions de température très strictes que nous détaillerons dans ce chapitre. Au bout de ce long processus géologique et thermique, ces algues mortes se transforment en une matière noirâtre emprisonnée dans une roche d'où va suinter un liquide sombre : le pétrole. Celui-ci est donc contenu dans une roche qualifiée de « roche-mère ». Il finira par la quitter pour migrer en direction de la surface avant de s'accumuler parfois en cours de route, dans une autre roche dite « roche réservoir ». Ce réservoir est souvent poreux et perméable, et le pétrole y pénètre comme de l'eau qui viendrait s'accumuler dans une éponge. Enfin pour être exploitable, le pétrole devra être piégé en quantité suffisante c'est-à-dire que la roche réservoir devra être surmontée par une couche imperméable, obligeant le pétrole à s'accumuler dans le piège ainsi formé.

Le gaz naturel ou gaz, à ne pas confondre avec le gaz butane utilisé dans la cuisson, est lui aussi un composé naturel d'hydrocarbures comme le pétrole. Mais à la différence de ce dernier, il est à l'état gazeux et n'est principalement constitué que d'un seul hydrocarbure : le méthane, de formule chimique CH_4. Le pétrole et le gaz se forment à partir de la même matière chimique et dans les mêmes contextes géologiques. Ainsi, nous n'étudierons dans ce chapitre que la formation du pétrole, identique à celle du gaz. Les termes techniques et scientifiques présentés dans ce chapitre seront accompagnés de leurs traductions anglaises qui sont courantes dans les documents des compagnies pétrolières et des États producteurs.

Les algues marines : source de formation du pétrole

Les cadavres d'algues microscopiques qui sont à l'origine du pétrole ne constituent en réalité qu'une infime partie (environ 1 %) de la masse totale des algues microscopiques qui prolifèrent à la surface des océans ou des lacs grâce à la lumière solaire et au processus de photosynthèse. Ainsi, le pétrole n'est rien d'autre qu'une partie de l'énergie solaire recueillie par des micro-algues pendant des millions d'années, qui s'est accumulée avant d'être piégée dans le sous-sol sous forme liquide pendant des dizaines voire des centaines de millions d'années.

Ces algues sont formées par de la matière organique (cellules, peau, etc.). A sa mort, un organisme se décompose rapidement sous l'action d'autres organismes (charognards, insectes, bactéries) et d'agents atmosphériques comme l'oxygène. Mais sous certaines conditions favorables, il peut arriver qu'il y ait préservation d'une partie de la matière organique. C'est la condition sine qua non pour espérer former du pétrole : il faut que la matière organique des algues microscopiques qui meurent soit protégée des agents de dégradation le plus rapidement possible, dans un milieu contenant peu ou pas d'oxygène. On trouve ce type de milieu dans certains fonds océaniques, des lacs et des mers fermées.

Sédiments et matière organique

La matière organique non dégradée s'accumule dans des sédiments. Ceux-ci sont des dépôts de particules (argiles, sable, galets) qui flottaient dans l'eau. Les zones où s'accumulent la matière organique et les sédiments de manière générale sont appelés bassins sédimentaires. Pour que du pétrole puisse se former, il faut que la matière organique des algues soit d'abord mélangée à des sédiments fins comme les argiles ou les boues. Les bassins sédimentaires favorables aux dépôts argileux se situent le plus souvent près des côtes à quelques dizaines à centaines de mètres sous l'eau. Cela peut laisser à penser que l'on ne trouve du pétrole qu'en milieu océanique. Mais l'on trouve également du pétrole sur la terre ferme d'Arabie Saoudite, au Venezuela ou encore au Soudan. Ce pétrole dit "onshore" a lui aussi été formé en mer et s'il se retrouve sur le continent c'est tout simplement parce que la mer s'est retirée. Ce processus lent s'effectue à un rythme de quelques centimètres par an pendant des millions d'années. Dans le cas où la mer ne s'est pas retirée, on continuera à trouver du pétrole en mer voire dans des zones plus profondes que les zones de dépôt : il s'agit du pétrole "offshore", traduction anglaise de "loin des côtes, en mer".

Maturation de la matière organique et du pétrole

A ce stade de notre développement, nous avons identifié la source du pétrole (la matière organique des algues) et son contexte de formation (les bassins sédimentaires océaniques ou de lacs) tels qu'illustrés par la figure 2. Intéressons-nous maintenant aux processus qui permettent de passer de la matière organique sédimentaire au pétrole.

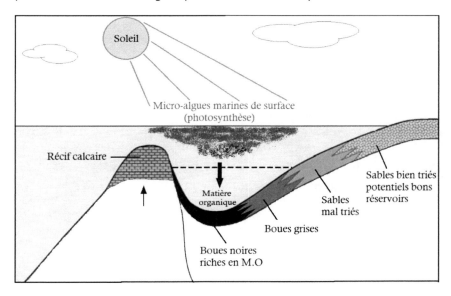

Figure 2 : Processus naturels favorables à la formation de pétrole. Source : Bjorlykke, K., 2010, *Petroleum geosciences*, Springer (modifié)

Dans les milieux pauvres en oxygène, les boues noires enrichies en matière organique peuvent évoluer vers une roche-mère de pétrole. Celle-ci est potentiellement toute roche contenant 0,5 à 15 % de son poids en matière organique, ce qui lui donne très souvent un aspect sombre, noirâtre. Ces roches-mères argileuses riches en matière organique sont dégradées et transformées par des bactéries. Cette première transformation de la matière organique des roches-mères va produire un résidu solide appelé le kérogène. Celui-ci constitue le précurseur chimique du pétrole, tout comme celui du gaz naturel. C'est lui qui va « générer » les hydrocarbures, d'où son nom[1].

Lors de son enfouissement par superposition de sédiments nouveaux durant plusieurs millions d'années, le kérogène va subir de nouvelles transformations, contrôlées cette fois par la chaleur interne de la Terre. Lorsqu'on s'enfonce dans les couches inférieures du sous-sol, la température augmente en moyenne de 3°C tous les 100 mètres. Cette augmentation de la température va graduellement transformer une partie du kérogène solide en pétrole liquide. Un peu à l'image d'une cire qui fondrait pour devenir liquide. Cette phase de transformation thermique du kérogène en pétrole débute vers 2000 mètres de profondeur c'est-à-dire à des températures proches de 60°C et s'achève vers 4000-4500 mètres de profondeur où les températures avoisinent les 120-130°C. Cette gamme restreinte de températures et de profondeurs favorables à la formation du pétrole est appelée "fenêtre à huile", en référence à l'étymologie du mot pétrole. Attention cependant à ne pas trop "cuire" le kérogène et à sortir de la fenêtre à huile. En effet au-delà de 4000-4500 mètres et 130°C le kérogène est morcelé en petites molécules de gaz sous l'effet de la température. On dit que le kérogène est « craqué ». Le pétrole également, lorsqu'il trop chauffé, est « craqué » et se transforme en gaz naturel.

---

[1] Il ne faut pas confondre le kérogène avec le kérosène. Celui-ci est un dérivé issu du raffinage du pétrole et il est utilisé par les avions comme carburant ou par les paysans sénégalais pour allumer leur « lampe à pétrole ». En d'autres termes, le kérogène est « l'ancêtre » du pétrole tandis que le kérosène est un de ses « descendants ».

Migration du pétrole et piégeage dans la roche réservoir

Après avoir accumulé des micro-algues mortes dans les sédiments argileux et formé du kérogène grâce aux bactéries ; après avoir enfoui le tout et transformé le kérogène en pétrole grâce à la chaleur des roches du sous-sol, nous allons maintenant étudier le comportement du jeune pétrole qui, après avoir maturé au sein de sa roche-mère, va la quitter pour aller s'installer dans une roche dite réservoir.

La roche réservoir, également appelée « magasin », est une roche poreuse. Le pétrole, un peu à la manière de l'eau dans une éponge, va imprégner la roche réservoir en remplissant les espaces vides situés entre les grains de sable ou de calcaire. Les meilleures roches réservoirs sont à la fois poreuses et perméables, c'est-à-dire celles qui contiennent de nombreux espaces vides communiquant entre eux. C'est le cas de roches comme les sables, les grès (du sable consolidé pendant plusieurs milliers/millions d'années) et certains calcaires fracturés. Dans la roche réservoir qui est sa nouvelle résidence, le jeune pétrole est souvent accompagné d'autres fluides comme l'eau et le gaz naturel qui sont en quelque sorte ses colocataires. Si la roche réservoir qui contient le pétrole est surmontée par une couche imperméable, le pétrole pourra alors y être piégé en quantité suffisamment abondante pour être économiquement exploitable.

Il existe deux grands types de pièges à hydrocarbures : les pièges structuraux et les pièges stratigraphiques.

Les pièges structuraux

Un piège structural à pétrole est soit un anticlinal, soit une faille, soit un dôme de sel. Un anticlinal est comparable à une règle en plastique qui se courbe en arc de cercle après avoir été comprimée à ses extrémités. Il se passe en effet le même phénomène sur Terre, où des couches de roches sédimentaires initialement horizontales comme la règle, sont parfois courbées par des forces de compression tectoniques. L'existence d'une structure anticlinale et d'une roche imperméable au-dessus de la roche réservoir est une configuration très favorable à l'accumulation de pétrole.

Les failles sont des fissures géantes au sein des blocs rocheux. Elles sont souvent à l'origine des tremblements de terre. Une faille peut déplacer une couche réservoir en dessous d'une couche imperméable, créant ainsi un piège où le pétrole viendra s'accumuler.

Les dômes de sel, lorsqu'ils remontent vers la surface sous forme de "ballons", peuvent déformer les roches et créer des pièges autour d'eux.

Les pièges stratigraphiques

Les pièges stratigraphiques sont des pièges qui sont liés à l'organisation des couches de sédiments. Ce sont souvent des structures nées dans un environnement lié à la mer, au littoral, à un lac ou un fleuve. Ces structures sont les récifs calcaires, les dunes, les lentilles et les chenaux de sable. Lorsqu'elles sont recouvertes par d'autres sédiments imperméables, elles peuvent constituer des pièges à pétrole ou à gaz (voir figure 3).

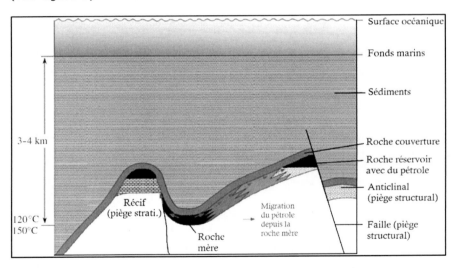

<u>Figure 3</u> : Pièges stratigraphiques et structuraux. Source : Bjorlykke, K., 2010, *Petroleum geosciences*, Springer (modifié)

C'est dans l'ensemble de ces pièges que le pétrole et le gaz s'accumulent. Ils y patienteront pendant des millions d'années jusqu'à ce qu'une équipe de chercheurs armés de leur inventivité et de moyens technologiques sophistiqués ne vienne les y chercher. En effet, explorer la terre pour chercher du pétrole ou du gaz, consiste avant tout à chercher des pièges comme les anticlinaux, les failles, les dômes de sel, les récifs calcaires, les lentilles et les chenaux de sable. C'est l'étape de l'exploration.

2.2 - Exploration du pétrole et du gaz

Dans son excellent ouvrage "Le pétrole, au-delà du mythe", Xavier Boy de la Tour estime que *"la recherche de gisements de pétrole est assez comparable à une investigation policière [...] il faut rassembler tous les indices disponibles, même les plus ténus, n'en négliger aucun, les observer, les soupeser, mener son analyse avec rigueur et ténacité, avoir enfin une intuition heureuse, s'appuyant sur toutes les situations présentant quelques analogies et...avoir un peu de chance !".* En effet, la prospection de gisements pétroliers est une science incertaine. Elle s'appuie sur la géologie de terrain quand elle est applicable et sur des méthodes géophysiques de prospection comme la sismique.

La géologie de terrain

Les investigations de terrain (cartographie, prélèvements d'échantillons) constituent une partie importante de toute recherche en géologie appliquée. Ceci est valable aussi bien dans le secteur des mines (or, argent) que dans celui des hydrocarbures (pétrole, gaz naturel) ou de l'eau (recherche de nappes d'eau souterraines).

Après interprétation de toutes ces données, le géologue livre ses conclusions. Si l'étude cartographique de la zone révèle la présence de failles ou d'anticlinaux (cf. pièges) et si les échantillons prélevés sont riches en matière organique (cadavres de végétaux) et en microfossiles marins, notre homme de terrain propose à la compagnie pétrolière d'approfondir les recherches, au sens propre comme au figuré. En effet, les quelques indices détectés par le géologue peuvent être intéressants mais ne sont jamais suffisants pour confirmer l'existence de pétrole dans la zone : il faut alors découvrir la configuration du sous-sol. Cela permettra de savoir si la pertinence des indices de surface est validée par la présence de pièges en profondeur. Dans 95 % des cas, cette investigation du sous-sol se fait grâce à la sismique réflexion qui est une technique d'imagerie géophysique basée sur la réflexion des ondes acoustiques, assez comparable à l'échographie qu'effectuent les femmes enceintes. Dans le cas du pétrole offshore piégé dans les fonds marins, comme cela a été le cas avec le pétrole découvert au large de Sangomar, la géologie de terrain est impossible à mettre en œuvre en raison de l'épaisseur de la colonne d'eau. Malheureusement, et malgré leurs nombreuses qualités, les géologues ne sont pas encore capables de marcher sur l'eau. Il faut alors s'en remettre directement aux géophysiciens et à la sismique réflexion pour tenter de voir ce qu'il y a sous les fonds marins.

La sismique réflexion

La sismique réflexion permet de représenter, sous forme d'images (2D) ou de blocs tridimensionnels (3D), l'organisation des roches dans le sous-sol. Elle consiste à créer dans l'eau, grâce à des canons à air ou « airguns », ou sur la terre ferme, des petites « explosions » qui vont créer des ondes qui vont à leur tour se propager dans le sous-sol. Cette technique repose sur le principe simple du miroir : toute onde qui se propage dans le sous-sol et qui rencontre la surface d'une couche rocheuse sera en partie réfléchie. En effet, l'onde rebondit sur chaque couche rocheuse et retourne vers la surface où elle est captée par des récepteurs appelés hydrophones en mer ou géophones sur la terre ferme. Ainsi, pour avoir une idée de la configuration du sous-sol, il faudra représenter la forme et la profondeur des couches rocheuses, appelées « réflecteurs », sur lesquelles ont rebondi ces ondes. La sismique réflexion utilise, nous l'avons déjà dit, le même principe que l'échographie médicale. De manière simplifiée, les différentes étapes de la sismique réflexion sont illustrées à l'aide de la figure 4 :

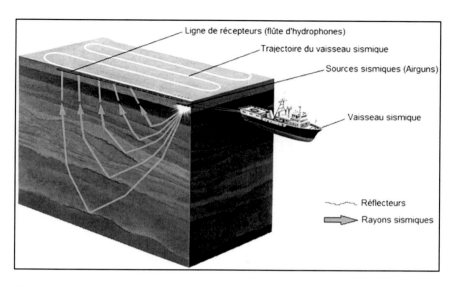

Figure 4 : Campagne d'acquisition sismique en mer avec un vaisseau sismique équipé de canons à airs (« airguns ») et d'hydrophones. Source : National geographic, 2010 (modifié)

Depuis le début des années 1980 et l'avènement de grands centres de calcul capables de traiter des masses gigantesques de données numériques, les profils sismiques (2D) ont progressivement été remplacés par des blocs sismiques tridimensionnels. Cette sismique 3D est le nouveau standard de l'exploration pétrolière. Après le traitement des données sismiques, l'image (2D ou 3D) est remise par le géophysicien au géologue afin qu'il procède à son interprétation. L'interprétation des profils sismiques ou des blocs tridimensionnels est un travail difficile, nécessitant "d'avoir l'œil" et demande beaucoup de connaissances en géologie sédimentaire. Lors de cette opération où ils s'appuient souvent sur d'anciens cas analogues, le géologue et le géophysicien d'interprétation pourront reconnaitre des pièges (anticlinaux, failles, dômes de sel, récifs, chenaux). Lorsqu'elle est correctement interprétée, l'imagerie sismique permet de mieux visualiser les structures du sous-sol et diminue l'incertitude liée au positionnement des forages d'exploration.

Les forages d'exploration

Toutes les données sismiques ont maintenant été traitées et interprétées. Le géologue et son confrère géophysicien ont reconnu des dépôts de bassins sédimentaires et des structures ressemblant à des pièges. Toutes ces informations qui indiquent des cibles (ou « prospects ») susceptibles de renfermer du pétrole sont présentées, avec un pourcentage du risque d'exploration associé, à la direction de la compagnie pétrolière. Si cette dernière est convaincue par leurs arguments, elle va mobiliser l'argent sur fonds propres ou en faisant appel à une autre compagnie plus puissante. Une fois que son emplacement est désigné et que son financement est prêt, le forage d'exploration est alors lancé. Il est important de savoir que jusqu'à l'heure actuelle, malgré tous les progrès technologiques, seul un forage peut confirmer ou infirmer l'existence de pétrole ou de gaz dans le sous-sol. Au début des années 1980, quelques explorateurs zélés avaient annoncé avoir inventé des avions renifleurs de pétrole, allant jusqu'à convaincre le géant français de l'époque, ELF, d'utiliser leur invention « révolutionnaire » qui en réalité n'était qu'une supercherie. Quelques millions d'euros dépensés et plusieurs échecs plus tard, cette idée utopique fut abandonnée. Le forage reste donc l'étape de vérité, le passage obligé mais très incertain, lorsque l'on souhaite découvrir du pétrole ou du gaz. Malgré des taux de réussite généralement faibles (20 % en moyenne dans une zone inexplorée), les compagnies pétrolières n'hésitent pas à prendre des risques. En effet, selon l'agence américaine de géologie (USGS), environ 80 000 forages d'exploration ont été effectués depuis le début de l'exploration pétrolière, dans les années 1850, dont 50 % pour les seuls États-Unis d'Amérique[1].

Le forage consiste à perforer par rotation, comme le ferait une perceuse sur un mur, les couches rocheuses directement accessibles sur la terre ferme (onshore) ou situées en mer (offshore), sous les fonds marins. Pendant plusieurs mois, un bateau spécialisé dans le forage va rester à la même position, et des derrick-men (les techniciens du forage) sous la supervision d'une équipe d'ingénieurs en forage, s'occupent d'empiler

---

[1] ATTANASI, E.D., FREEMAN, P.A., and GLOVIER, J.A., 2007, *Statistics of petroleum exploration in the world outside the United States and Canada through 2001*: USGS Circular 1288, 167 p.

et d'emboiter des tubes métalliques de diamètres variables (70 à 10 centimètres). En effet, au fur et à mesure que le forage progresse en profondeur, les parois du puits doivent être consolidées par des tubes métalliques. On appelle cela le cuvelage. Chaque cuvelage posé réduit le diamètre disponible pour le forage. La reprise du forage se fait alors avec un appareil plus petit. C'est ce qui explique la réduction progressive du trou forage.

En raison de la dureté des roches, et de la profondeur généralement importante (1000 à 5000 mètres) des pièges identifiés sur les images sismiques, la progression du forage s'effectue lentement grâce à un outil à molettes dentées très solide appelé trépan. Celui-ci, situé au bout de la colonne de tubes métalliques, est constitué d'alliages spéciaux incrustés de diamant (le matériau le plus dur sur Terre). En tournant sur lui-même à des vitesses très élevées, le trépan déchiquette les roches dont les débris (ou « cuttings ») sont alors expulsés du trou à l'aide d'une boue de composition chimique spéciale. Celle-ci est envoyée jusqu'au fond du puits à travers les tubes métalliques et sous haute pression puis jaillit au niveau du trépan, avant de remonter vers la surface. C'est également grâce à cette boue qui remonte que l'on sait parfois s'il y a présence de pétrole ou de gaz dans les roches traversées par le forage. C'est toujours grâce à la boue que le trépan en frottement permanent avec les roches, se refroidit un peu, ralentissant son usure et gardant sa force de pénétration. C'est enfin grâce à la haute-pression de cette même boue que les fluides (pétrole, gaz ou eau) contenus dans les roches traversées n'arrivent pas à pénétrer dans le trou de forage, ce qui pourrait casser le matériel de forage et être très dangereux pour les opérateurs en surface. Le travail de surveillance de cette boue multitâche est mené par des opérateurs appelés analystes de boue (ou « mud-loggers »). Il arrive également que le trépan soit remplacé par un outil de carottage - un tube creux dont l'extrémité est également sertie de diamants - qui va prélever, sans les détruire, des épaisseurs de roches. Cette technique est utilisée lorsque les foreurs et les géologues pensent avoir atteint une couche de roche réservoir qu'il est important d'étudier pour mieux connaitre sa porosité et sa perméabilité. La porosité permet de savoir quelle quantité de fluides peut être piégée dans le réservoir alors que la perméabilité permet de savoir si ces fluides s'écouleront facilement ou pas. Une fois ce prélèvement par carottage effectué, le forage à l'aide du trépan broyeur peut reprendre.

Pendant ou juste après le forage, des mesures physiques appelées « logs » sont prises dans le trou grâce à des outils très sophistiqués, afin d'identifier la composition ou le contenu des roches réservoirs traversées par le forage. L'ensemble de ces opérations d'enregistrement des « logs » est regroupé sous le terme générique de « diagraphies ». Celles-ci sont analysées par des ingénieurs diagraphistes qui sont également appelés « pétrophysiciens ». Par ailleurs, en dehors du forage vertical classique décrit ici, de plus en plus de forages horizontaux sont réalisés afin de contourner des obstacles, explorer des couches horizontales ou atteindre des pièges secondaires à hydrocarbures situés à côté du piège principal.

La phase de forage est l'une des plus coûteuses et sans doute la plus risquée de toute l'exploration pétrolière. Les forages d'exploration peuvent coûter entre 2 et 10 millions de dollars chacun en onshore et jusqu'à 100 voire 150 millions de dollars l'unité en offshore, autant dire beaucoup d'argent. En effet, pendant deux à quatre mois, il faut louer un bateau de forage, payer des derrick-men, des mud-loggers, des ingénieurs diagraphistes, des ingénieurs en forage, des logisticiens, les transporter par hélicoptère sur la terre ferme lors de leurs périodes de repos, faire venir les tubes métalliques, transporter les éléments chimiques qui permettent de fabriquer la boue spéciale, remplacer de temps en temps le trépan à bout en diamant qui s'use au fur et à mesure que le forage avance.

De plus, malgré toutes les indications apportées par la géologie et la sismique, on estime, qu'à l'échelle mondiale et dans des zones relativement peu explorées comme l'était encore l'offshore sénégalais en 2014, à peine 20 % des forages d'exploration effectués dans des zones inconnues sont des « puits positifs », c'est-à-dire révèlent l'existence de pétrole en quantité suffisamment abondante pour être exploité[1]. Ainsi, en moyenne, environ 80 % des forages d'exploration

---

[1] La publication annuelle du cabinet Richmond Energy Partners, « *The state of exploration* », évaluait en 2014, le taux de réussite des forages d'exploration dans le monde à 13 %.

réalisés dans le monde sont des « puits secs », c'est-à-dire qu'ils ne révèlent ni pétrole ni gaz, ou alors mettent à jour des quantités trop faibles pour être commercialement rentables. Ce facteur risque élevé pour un investissement aussi important explique la réticence du gouvernement sénégalais - et celui de tous les gouvernements de pays non producteurs - à investir sur fonds propres dans l'exploration. A contrario, les compagnies pétrolières internationales puissantes ou les États riches ayant une production pétrolière ou gazière déjà établie, peuvent se permettre de réaliser des forages d'exploration dans des zones peu explorées. Avec les découvertes au cours du temps, le facteur risque associé à l'exploration diminue, car les systèmes pétroliers - ensemble des éléments permettant la génération et l'accumulation de pétrole - sont mieux compris. Il devient alors moins incertain d'explorer dans une zone où du pétrole ou du gaz a déjà été découvert. Les pays producteurs du Moyen-Orient, qui sont aujourd'hui dans cette configuration de moindre risque, disposent par ailleurs, et essentiellement, de gisements onshore de grande taille. Ceux-ci coûtent beaucoup moins cher à explorer que les gisements offshore dont dispose, à l'heure où paraissent ces lignes, le Sénégal. Pour notre pays, investir 150 millions de dollars d'argent public dans un forage incertain, soit la moitié du budget du ministère de la Santé sénégalais en 2016, aurait été suicidaire. L'heure est plutôt à des investissements prioritaires et aux résultats plus certains dans la santé, l'éducation, l'agriculture etc.

En cas de découverte de pétrole ou de gaz en quantité significative, comme cela a été le cas au Sénégal avec les forages d'exploration FAN-1 et SNE-1, les compagnies pétrolières ordonnent l'approfondissement des recherches grâce à une nouvelle campagne sismique et d'autres forages afin de mieux délimiter la taille du gisement et déterminer s'il a un vrai potentiel commercial. C'est l'étape d'évaluation du gisement.

L'évaluation du gisement et les réserves

L'évaluation, comme son nom l'indique, sert à mieux caractériser la taille du gisement de pétrole ou de gaz qui a été révélé par le premier forage d'exploration. Le mot gisement recouvre, comme nous le verrons pour le mot réserve, à la fois une réalité géologique et économique. Le gisement est une roche réservoir, de forme et de volume définis, qui contient du pétrole et/ou du gaz. Un gisement de pétrole est comparable à une éponge de forme irrégulière imbibée d'huile. Le but des opérations d'évaluation est de préciser la forme du gisement, son comportement et l'épaisseur des parties qui contiennent effectivement du pétrole. Une nouvelle campagne sismique, d'autres forages d'évaluation (ou « forages de délinéation »), des diagraphies et des essais de production (ou « drill stem tests ») sont effectués à proximité du premier forage d'exploration. Ces forages d'évaluation permettent, l'un après l'autre, de préciser la forme, la taille et le débit potentiel du gisement. La phase d'évaluation commande de forer entre 3 et 10 autres puits, ce qui peut rapidement devenir très couteux. Cette phase d'évaluation peut durer deux à quatre ans.

Une fois que tous les forages d'évaluation sont réalisés, le travail de modélisation du réservoir est entrepris par des équipes de géologues de gisement et d'ingénieurs réservoir. En s'appuyant sur toutes les données apportées par la sismique, les forages et les diagraphies, ils proposent des modèles tridimensionnels statiques (on voit la forme du réservoir) et dynamiques (on y voit l'écoulement du pétrole). Ces modèles du gisement permettent d'anticiper son comportement lorsque débutera la production. Plusieurs scenarii sont alors envisagés pour voir lequel s'adapte le mieux au gisement : position et nombre de puits, débits de production variables, comportements possibles du pétrole ou du gaz dans le réservoir etc.

Les réserves

La production d'un gisement dépend de la quantité de pétrole mise à votre disposition par le réservoir. Il devient alors essentiel d'estimer la quantité totale de pétrole qui est contenue dans le réservoir et de savoir quelle en est la fraction extractible. Il faut en effet distinguer deux quantités de pétrole : les ressources et les réserves.

Les ressources représentent l'estimation de tout le pétrole qui est en place dans le sous-sol ou « Total Oil initially in-place » (TOIIP) en anglais. Les ressources sont donc une notion géologique. Elles sont en quantité finie et ne pourront pas être entièrement découvertes ni extraites en raison de contraintes liées à la nature des roches, à la baisse naturelle de pression dans le gisement etc. Un réservoir ne livre jamais tout son pétrole.

Les réserves désignent l'ensemble du pétrole découvert mais qui se trouve encore dans le sous-sol et qui est considéré comme étant économiquement exploitable dans les conditions technologiques du moment. Les réserves ne sont donc pas une notion purement géologique. Elles sont une notion à la fois économique, géologique et technique. Encore controversée il y a 20 ans, la définition des réserves connait un consensus grandissant dans l'industrie pétrolière et gazière.[1] On classe les réserves en trois catégories selon la probabilité que l'on a de pouvoir les produire :

- Les réserves 1P sont les réserves prouvées. Elles représentent la quantité de pétrole découvert que l'on est sûr à 90 % (P90) de pouvoir produire sous les conditions économiques et techniques du moment.

- Les réserves 2P (prouvées + probables) représentent la quantité de pétrole que l'on est sûr à 50 % (P50) de pouvoir produire sous les conditions économiques et techniques du moment.

- Les réserves 3P (prouvées+ probables + possibles) représentent la quantité de pétrole découvert que l'on est sûr à 10 % (P10) de pouvoir produire sous les conditions économiques et techniques du moment.

Ainsi, plus une estimation est prudente, plus les réserves estimées sont petites. C'est ce qui explique que 1P < 2P < 3P. Des estimations sont également faites avant la découverte à partir des données de l'imagerie sismique. On appelle cette technique d'estimation la sismique quantitative. En effet, avant que la décision de procéder à un forage d'exploration ne soit prise, une évaluation des ressources prospectives est faite. Une fois le forage effectué et en cas de découverte, une première estimation des ressources contingentes est donnée. Il s'agit de réserves encore incertaines et nécessitant une meilleure évaluation. Les ressources prospectives (U) et les ressources contingentes (C) sont également classées comme les réserves (P) en trois catégories qui traduisent également le pourcentage d'incertitude technique qui leur est associée (voir figure 5).

---

[1] Il s'agit de la Society of Petroleum Engineers (SPE) et d'autres associations qui éditent le Petroleum Resource Management System (PRMS). Voir : http://www.spe.org

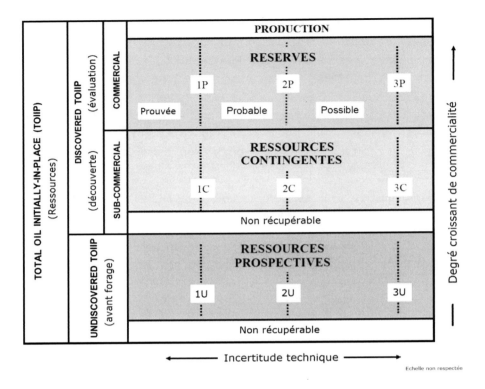

Figure 5 : Classification des ressources et des réserves. Source : Petroleum Resource Management System (PRMS) 2007 (modifié)

Si autant de subtilités sont prises dans la définition des réserves, c'est parce que les enjeux économiques liés aux réserves sont immenses.

Les réserves de pétrole qui sont produites représentent en général entre 30 et 40 % des ressources de pétrole en place. Ce pourcentage exprimé par le rapport réserves/ressources est appelé taux de récupération. Il dépend de facteurs liés à la qualité du réservoir (porosité, perméabilité), à sa géométrie (épaisseur, extension) et aux moyens économiques qui peuvent être consacrés à la production des réserves.

Utilisons une analogie tirée de l'industrie de la pêche pour mieux comprendre toutes ces définitions. L'ensemble des poissons qui vivent dans l'océan représente les ressources ultimes de poisson : nul ne sait combien il y en a réellement. Les pêcheurs, équipés de technologies modernes, vont à la recherche de bancs de poissons, ces bancs sont l'équivalent des gisements que recherchent les compagnies pétrolières.

La quantité totale de poisson initialement en place dans chaque banc représente les ressources de poisson, une sorte de « Total fish initially in-place ». Lorsqu'un bateau de pêcheurs détecte un banc de poissons grâce à un sonar, il essaie d'évaluer sommairement la quantité de poisson qui s'y trouve : cette estimation indirecte représente les ressources prospectives (U) de poisson que les pêcheurs espèrent récupérer à l'avenir avec le matériel de pêche qui est à leur disposition.

Si un pêcheur ne se contente pas des premières estimations floues données par ses appareils situés dans le bateau, il peut décider de descendre dans l'eau des appareils de plus grande précision pour avoir une meilleure idée de la quantité de poisson réellement contenue dans le banc. Cette étape est équivalente au forage. A l'issue de cette première descente avec un seul appareil sophistiqué, le pêcheur a une meilleure idée de la quantité de poisson du banc : Il annonce à ses compagnons de bateau les ressources contingentes (C). A ce stade, les pêcheurs peuvent rentrer au port et abandonner leur projet de pêche.

Si, au contraire, leurs espoirs sont confirmés, les pêcheurs souhaiteront maintenant avoir une idée précise de la quantité de poisson qu'ils pourront réellement pêcher car le capitaine et son équipage savent pertinemment qu'ils n'attraperont pas tous les poissons du banc. Il y aura en effet certains poissons qui s'enfuiront à la vue du filet et il y aura également des pertes dues à ceux qui s'échapperont du filet lors de la remontée. De plus, le pêcheur n'a pas une quantité illimitée de carburant, ses moyens sont donc limités. En envoyant plusieurs appareils sophistiqués près du banc et en prenant en compte la quantité de carburant dont il dispose, les pertes classiques que nous venons d'évoquer en plus de celles dues aux oiseaux qui se serviront allègrement une fois le filet à la surface, le pêcheur pourra avoir une idée bien plus précise de la quantité de poisson qu'il pourra effectivement ramener sur son bateau. Cette quantité de « poisson pêchable » représente les « réserves de poisson ». En fonction des incertitudes liées à chaque facteur pouvant influencer cette quantité finale de « poisson pêchable », le pêcheur pourra faire des estimations très optimistes et ambitieuses mais peu réalistes (3P) où il ne pense être sûr qu'à 10 %, d'autres estimations plus raisonnables (2P) où il est sûr à 50 % et enfin des estimations dont il est sûr à 90 % (1P). Ces différentes quantités estimées de « poisson pêchable » représentent les réserves de poisson 1P, 2P et 3P.

Enfin, si ce bateau change de filets, acquiert un équipement de recherche ultra-moderne et a plus de carburant pour rester quelques jours de plus en haute mer, alors il pourra réévaluer à la hausse le nombre de poissons qu'il pourra pêcher à partir du banc. Le capitaine annoncera donc à ses hommes une plus grande quantité de « poisson pêchable » en 1P, 2P ou 3P. La quantité finale de poissons qu'il va pêcher divisée par la quantité de poissons en place dans le banc représentera son taux de récupération.

Dans cet exemple, la quantité de « poisson pêchable » c'est-à-dire de « poisson découvert et récupérable » est équivalente aux « réserves de pétrole » c'est-à-dire de « pétrole découvert et récupérable ». Cette quantité dépend des ressources initiales mais aussi de paramètres économiques et techniques qui évoluent dans le temps.

Généralement, pendant l'évaluation, les compagnies communiquent sur les ressources contingentes 2C, qui sont une sorte de pré-réserves 2P. Ainsi, au fur et mesure que l'évaluation se précise grâce à de nouveaux forages de délinéation et des essais de production, les ressources contingentes 2C peuvent être revues à la hausse. Leur valeur est cruciale d'un point de vue économique aussi bien pour l'État, pour la compagnie ou pour ses actionnaires. Cruciales à un tel point qu'elles sont systématiquement vérifiées par des entités indépendantes qui sont des compagnies de services comme ERC équipoise, Sproule, RISC etc. Il serait en effet peu prudent de laisser une compagnie pétrolière annoncer seule ses réserves, sans la validation apportée par une contre-expertise indépendante. Les États producteurs comme ceux du Moyen-Orient, avec des monopoles de leurs sociétés nationales, annoncent des réserves prouvées (1P) que personne n'est réellement capable de vérifier.

La notion de réserve est complexe et capitale pour l'industrie pétrolière. La santé boursière des compagnies et les projections sur le long terme des pays producteurs dépendent de leurs réserves. Suite à une découverte, si l'évaluation est positive, alors on entame le développement du gisement.

Le développement du gisement

Le développement est la phase qui succède à l'évaluation et prépare la production. Concrètement, le développement consiste à élaborer les concepts, arrêter les stratégies, choisir les techniques, évaluer le coût et construire les infrastructures qui seront utilisées pour extraire, traiter, stocker et transporter les hydrocarbures.

Le développement se scinde en deux grandes étapes : la planification et l'exécution. La planification débute par la création d'un plan de développement du gisement qui permet de choisir le concept qui assurera et coordonnera la production. Il s'agit alors de définir le matériel le plus adapté à la taille et à la localisation du gisement ainsi que les objectifs de production (quantité de barils/jour), le nombre et la localisation des puits producteurs, les techniques de récupération et de traitement du pétrole et/ou du gaz, le plan de maintenance du matériel et des infrastructures de production, les ressources humaines nécessaires et le plan de protection de l'environnement.

La planification repose, en plus du plan de développement, sur des études d'avant-projet et des études d'ingénierie de base (ou « FEED ») qui nécessitent le travail coordonné de plusieurs spécialistes, à savoir : un architecte pétrolier, des ingénieurs réservoir, des géologues, des géophysiciens, des ingénieurs en forage, des ingénieurs en installations offshore, des environnementalistes, des océanographes (en offshore), des logisticiens et des financiers. Pendant l'élaboration du plan de développement, une étude d'impact environnemental et social (EIES) est menée. Enfin, les financiers de la compagnie et les banques partenaires doivent valider ou sanctionner la viabilité financière du projet à travers une décision finale d'investissement (DFI ou « FID » en anglais). Cette DFI est présentée au gouvernement du pays où a eu lieu la découverte et si elle est validée, on entame la deuxième étape du développement, c'est-à-dire l'exécution. L'exécution débute par des études d'ingénierie de détail qui, allant plus loin et étant plus précises économiquement que les études d'ingénierie de base, couvriront la totalité des aspects techniques (process, appareils, génie civil etc.) et des coûts nécessaires aux opérations de production. Suite à ces études d'ingénierie de détail, la construction des installations peut débuter. Il faut alors procéder au forage des (nombreux) puits qui serviront à la production du pétrole ou à l'injection d'eau/de gaz, à la construction de la plateforme de forage ou du bateau de production, à la pose des installations sous-marines (câbles, têtes de puits) si le gisement est situé en offshore, à la construction de bases logistiques ou de camps de base sur le continent si l'exploitation est située en onshore. Toutes ces activités nécessitent un flux logistique et des investissements importants qui s'étalent sur plusieurs années. La seule construction d'une plateforme située en haute mer peut durer trois ans. Le développement peut durer trois à dix ans selon la complexité de l'environnement où se déroulera la production et selon les options techniques choisies. Le développement se conclut par la réception des installations et une phase de test.

Poids économique des choix techniques lors du développement

Bien qu'il s'agisse d'une phase à fort contenu technique comme nous avons pu le voir dans les lignes précédentes, le développement est surtout une période où les investissements économiques sont immenses. Rappelons-nous des ordres de grandeur dans l'exploration : 2 à 5 millions de dollars pour une campagne sismique, 2 à 10 millions de dollars pour un forage d'exploration en onshore et jusqu'à 100 millions de dollars pour son équivalent offshore. En cas de découverte commerciale, la phase d'évaluation, avec une nouvelle campagne sismique et des forages d'évaluation, peut coûter 500 millions de dollars voire plus. Vient ensuite le développement dont le coût peut varier de quelques centaines de millions de dollars jusqu'à plusieurs milliards de dollars pour un gisement offshore ou un très grand gisement. Ainsi, le gisement offshore Jubilee au Ghana a nécessité trois milliards de dollars pour son développement, tandis que celui du gisement d'Azadegan en Iran a coûté 12 milliards de dollars. Les statistiques des projets pétroliers et gaziers dans le monde montrent que le développement constitue généralement 40 à 50 % des dépenses totales effectuées durant la vie d'un gisement. Et jusque-là, pas un seul baril de pétrole ou mètre cube de gaz n'a été produit.

Pour de nombreux gisements de pétrole, l'option technique qui est retenue dans le plan de développement afin d'assurer la future production du pétrole est l'utilisation d'un FPSO (Floating Production Storage and Offloading), terme qui désigne d'immenses bateaux, qui permettent de « produire, stocker et décharger » le pétrole ou le gaz produit. Leur polyvalence technique fait des FPSO les véritables « couteaux-suisses » de l'exploration pétrolière. En effet, ils permettent quasiment à eux-seuls d'assurer toute la chaine de production : pompage, séparation hydrocarbures-eau, stockage, injection de gaz ou d'eau dans le réservoir, connexion aux bateaux qui viennent charger le pétrole (tankers) ou le gaz (méthaniers). Leur taille variable leur permet de s'adapter à divers environnements, depuis l'offshore peu profond (moins de 500 mètres d'épaisseur d'eau) jusqu'à l'offshore très profond (plus de 1500 mètres d'épaisseur d'eau).

La construction ou la location d'un FPSO qui fonctionnera pendant 10 à 30 ans peut coûter quelques milliards de dollars. Le type de raccordement qui permet de le relier aux gisements situés en dessous des fonds océaniques, peut également coûter très cher selon l'option technique qui est retenue. On peut également, au cours du développement, choisir de faire des forages dirigés et horizontaux à partir de quelques forages verticaux principaux. Cela permet d'atteindre des compartiments secondaires du réservoir situés autour du réservoir principal et donc, mécaniquement, de diminuer les coûts de forage.

Il arrive que le développement soit rapide pour certains gisements, y compris en offshore où les challenges techniques sont nombreux. Dans ce cas, l'approche est la suivante : débuter la production avec les installations minimales nécessaires puis progressivement renforcer et augmenter les infrastructures de production. Le gisement offshore de Jubilee, assez comparable en taille et en profondeur au gisement SNE de Sangomar, a été développé par Tullow Oil, Kosmos Energy, Anadarko et la GNPC (compagnie nationale pétrolière ghanéenne) selon cette option « rapide ». Entre le premier forage d'exploration qui a révélé une découverte et la production du premier baril, il s'est écoulé à peine 3 ans et demi, fortement aidé par un prix du baril élevé. Au Sénégal, Cairn Energy et ses partenaires ont choisi de développer le gisement SNE situé au large de Sangomar dans un schéma similaire mais dans un contexte de prix du baril relativement bas. Les premiers barils de pétrole pour le gisement SNE sont attendus pour 2021-2023 tandis que les premiers mètres cubes de gaz au large de Saint-Louis et Cayar sont prévus pour 2021. Ce sera alors le début de la production.

2.3 - Production du pétrole et du gaz

Pour les compagnies pétrolières, la production de pétrole (ou de gaz) est l'aboutissement des recherches effectuées lors de l'exploration et des (lourds) investissements consentis pour le développement. C'est elle qui permet aux compagnies de gagner un revenu stable pendant 10 à 30 ans, voire beaucoup plus lorsque les gisements sont des « super-géants » comme en Arabie Saoudite[1] ou en Irak. Ce sont donc les recettes engrangées lors de la production qui permettent aux compagnies de récupérer les sommes perdues lors des nombreuses campagnes d'exploration infructueuses. La production est également l'occasion de recouvrer les investissements effectués durant les phases d'évaluation et de développement.

Production de pétrole

La production de pétrole se fait grâce à des puits de production forés durant la phase de développement. Leur nombre varie en fonction de la taille du gisement, de sa géométrie et d'autres caractéristiques comme la porosité, la perméabilité et la saturation en pétrole. Les puits de production diffèrent des puits d'exploration car ils doivent rester fonctionnels pendant plusieurs années et seront très sollicités. Ils doivent donc être préparés à jouer leur rôle, à savoir permettre le passage du pétrole ou du gaz, en permanence, depuis la roche réservoir jusqu'à la surface en contrôlant les débits pour éviter les accidents.

L'opération de préparation et d'équipement des puits de production s'appelle la complétion. En effet, cette opération « complète » le puits, elle le finalise, le rend « prêt à produire ». Concrètement la complétion d'un puits producteur revient le plus souvent à perforer le cuvelage et le ciment à hauteur de la couche réservoir pour permettre au pétrole ou au gaz qu'elle contient de s'écouler vers le puits. Des « robinets »

---

[1] Le gisement de Ghawar en Arabie Saoudite est le plus grand gisement de pétrole au monde. Il a déjà produit 62 milliards de barils de pétrole depuis ses débuts en...1951.

spéciaux et très puissants sont installés en tête de puits, à la surface, pour maitriser la pression et le débit de production. Ces « robinets » de surface, constitués de divers vannes et appareils de mesures, sont appelés « arbres de noël » (ou « christmas tree »).

Le plus souvent, le pétrole contenu dans le gisement et qui arrive au fond du puits est mélangé avec de l'eau et un peu de gaz. On dit que ce mélange est un effluent contenant trois phases (gaz, pétrole et eau). L'effluent provenant de chaque puits de production est d'abord recueilli en surface dans des collecteurs (ou « manifolds »). L'effluent collecté au niveau des manifolds est d'abord préchauffé et parfois dessalé, avant d'être envoyé vers des séparateurs qui vont permettre de distinguer ses trois phases. Cette séparation se fait grâce à la gravité : l'eau qui est plus dense (densité =1) va au fond du séparateur, le pétrole (densité = 0,8) se met au-dessus de l'eau et enfin le gaz s'accumule au-dessus du pétrole. C'est exactement le même phénomène qui se passe lorsque vous secouez un mélange d'eau, d'huile et d'air avant de le laisser au repos : les trois phases se sépareront.

C'est grâce aux différences de pression qui existent entre le réservoir, le fond du puits, la surface et le séparateur que l'effluent remonte à la surface. C'est comme si le mélange constitué de pétrole, de gaz et d'eau était trop comprimé dans le réservoir et cherchait à s'échapper vers une zone où la pression est plus faible. Ce sont ces pressions différentielles qui expliquent les éruptions de pétrole observées sur les premiers puits d'exploration-production du pétrole aux USA. De telles scènes sont parfois rapportées dans des bandes dessinées revenant sur cette période de ruée vers l'or noir[1]. Toute l'installation moderne (complétion, tête de puits « christmas tree ») ne sert qu'à éviter ces éruptions qui peuvent être mortelles.

---

[1] C'est notamment le cas de la célèbre bande dessinée « Lucky Luke », du nom d'un chérif d'une petite ville texane dans les années 1880. L'un de ses albums est d'ailleurs intitulé « A l'ombre des derricks ». Source : Bret-Rouzaut et Favennec.

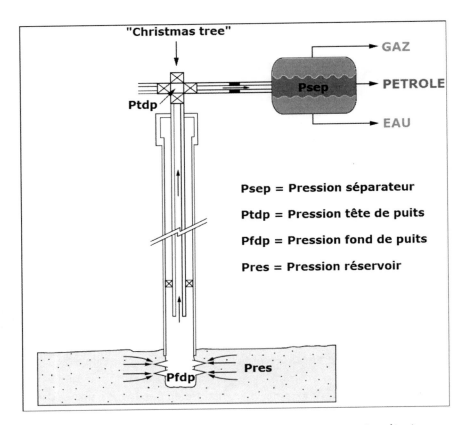

Figure 6 : Schéma simplifié d'un système de production de pétrole avec pressions différentielles, tête de puits et séparateur. Source : Herriot Watt University (modifié)

Cette production grâce à la pression naturelle du gisement, est appelée « récupération primaire ». La récupération primaire permet d'obtenir des taux de récupération de 30 à 40 %[1]. Cependant, elle ne dure qu'un temps limité, c'est-à-dire quelques mois ou quelques années selon la taille du gisement. Il arrive en effet un moment où la pression du réservoir commence à baisser et à s'équilibrer avec la pression de surface. Il faut alors installer une pompe dans le puits pour aspirer le pétrole vers la surface.

---

[1] Rappel : il faut distinguer ressources (pétrole en place) et réserves (pétrole récupérable). Le taux de récupération est le rapport réserves/ressources.

A la longue, il faut mettre en œuvre des techniques dites de « récupération secondaire » ou « récupération améliorée ». La récupération secondaire consiste à réinjecter dans le réservoir grâce à d'autres puits forés spécialement pour cette opération, l'eau et le gaz qui étaient contenus dans les effluents précédemment produits. En effet, lorsqu'ils sont réinjectés dans le réservoir à certains endroits bien précis, le gaz et surtout l'eau peuvent déplacer le pétrole résiduel à proximité du puits, ce qui facilitera sa remontée. L'une des conséquences logiques est que l'effluent qui sera produit en surface, suite à la réinjection d'eau dans le réservoir, contiendra de plus en plus d'eau. Une partie de l'eau qui n'est pas réinjectée dans le réservoir est rejetée en mer. Mais elle doit être traitée auparavant car elle est plutôt chaude, très salée et contient des extraits d'hydrocarbures et de soufre. La récupération secondaire permet d'améliorer le taux de récupération, pouvant le faire passer jusqu'à 40 et parfois 50 % dans certains gisements.

Il arrive également que des techniques de « récupération tertiaire » soient mises en œuvre. Elles consistent essentiellement à ajouter des produits chimiques dans le réservoir pour détacher une partie des gouttes de pétrole qui restent accrochées aux grains de sable ou de calcaire qui forment le réservoir. Ces techniques permettent d'améliorer le taux de récupération de pétrole de 5 % en général, le faisant passer au final à 55 %. Au-delà, l'exploitation devient trop coûteuse (effluent contenant trop d'eau, déclin de la production, techniques de récupération coûtant trop cher) et est arrêtée.

La phase de production de pétrole se subdivise en trois étapes qui sont associées aux volumes produits. Ceux-ci peuvent varier de quelques dizaines de barils par jour sur des petits gisements individuels aux USA à plusieurs millions de barils par jour pour un champ pétrolier géant comme Ghawar en Arabie Saoudite. Une première étape consiste en une phase de montée en puissance (« build up ») où les puits de production sont progressivement mis en marche. La seconde étape est une phase de plateau durant laquelle le gisement va produire au maximum de ses capacités. Cette phase de plateau ne dure qu'un certain temps (quelques années tout au plus).

Enfin, il y a une longue phase de déclin de la production du gisement. C'est surtout durant cette phase que les techniques de récupération secondaire et tertiaire sont mises en œuvre.

Production du gaz naturel

Le taux de récupération moyen d'un gisement pétrolier tourne autour de 40 % tandis que le taux de récupération dans un gisement de gaz naturel atteint généralement 75 à 80 %. Puisque le gaz naturel, qui n'est pas liquide, ne se frotte pas à d'autres fluides ou à des grains de sable dans le réservoir, il s'écoule plus facilement vers le puits de production. Lorsqu'il arrive à la surface, le gaz voit une petite partie de son volume devenir liquide : il subit une condensation partielle. Ces liquides issus du gaz naturel peuvent être des « liquides de gaz naturel » ou des pétroles ultralégers appelés « condensats ». Ces derniers sont très recherchés car ils permettent de produire du naphta, la matière première de base de l'industrie pétrochimique. Un dispositif de production de gaz naturel comporte donc une unité de traitement du gaz et une autre pour les liquides, en particulier les condensats.

La difficulté principale associée à la production du gaz naturel est son état gazeux. En effet, dès sa production, le gaz doit être directement envoyé, via des gazoducs, vers une usine de traitement située sur la terre ferme, proche du lieu de production. Une fois traité, le gaz doit ensuite être envoyé au consommateur situé parfois à des centaines voire à des milliers de kilomètres : un transport qui se fait aussi, la plupart du temps, par gazoduc. Cependant, l'avènement des navires FLNG (Floating Liquefied Natural Gas), permet de faciliter le stockage et l'enlèvement du gaz naturel grâce à sa liquéfaction à -165°C. Cela permet de limiter les coûts de développement des projets gaziers et de développer des projets qui auraient été considérés comme non rentables par le passé. C'est ce type de technologie (FLNG), associé à un FPSO, qui sera utilisé dans la production de gaz au large de Saint-Louis.

Chapitre 2 : Pétrole et gaz: origine, exploration et production

Ce qu'il faut retenir

✓ Le pétrole (« huile de roche ») est un composé naturel liquide contenant plusieurs hydrocarbures. Il se forme à partir du kérogène grâce à la chaleur du sous-sol. Le kérogène, également à l'origine du gaz naturel, est un matériau solide issu de la dégradation de la matière organique de cadavres d'algues.

✓ L'exploration consiste à chercher sur la terre ferme (« onshore ») ou en mer (« offshore ») via l'imagerie sismique, des structures du sous-sol appelées pièges, susceptibles de contenir du pétrole ou du gaz. Seul un forage d'exploration permet de vérifier si une cible géologique (un prospect) contient du pétrole et du gaz. 80 % des forages d'exploration pure dans le monde sont des échecs.

✓ En cas de découverte, des forages de délinéation sont nécessaires pour mieux caractériser le gisement. C'est la phase d'évaluation qui permet d'estimer les ressources et les réserves du gisement.

✓ Classification des réserves
Réserves 1P = Prouvées = Sûres à 90 %
Réserves 2P = Prouvées + Probables = Sûres à 50 %
Réserves 3P = Prouvées + Probables + Possibles = Sûres à 10 %

✓ Le développement consiste à planifier et exécuter la construction de toutes les structures et technologies nécessaires à la production. L'exécution débute après une décision finale d'investissement (DFI).

✓ La production consiste à extraire le pétrole ou le gaz d'un gisement. La production primaire (naturelle) peut être améliorée grâce des techniques de récupération secondaire et tertiaire. Elle s'effectue grâce à des plateformes ou à des navires FPSO (pétrole) et FNLG (gaz).

Chapitre 3 : Pétrole et gaz : historique et aperçu économique global

3.1 - Bref historique du pétrole dans le monde

Comme la plupart des sources fossiles d'énergie primaire, le pétrole est inégalement réparti dans le monde. Les plus importantes réserves de pétrole et les plus grands gisements ont toujours été concentrés dans quelques régions du globe même si la tendance, tout au long du XXe siècle, a été à la diversification des régions et des frontières pétrolières. Historiquement, les États-Unis d'Amérique (USA) ont été les pionniers dans l'exploration-production dès les années 1860 avec l'exploration intense de contrées comme la Pennsylvanie. La quasi-totalité de la terminologie et des unités de mesure de l'industrie pétrolière provient d'ailleurs de cette aube américaine. Par exemple, le terme « baril » désigne un cylindre en bois de 159 litres qui servait d'unité de stockage et de transport pour les explorateurs-producteurs pionniers américains. Ceux-ci entreposaient des barils de pétrole sur des charrettes pour les acheminer vers les raffineries artisanales de l'époque. Née durant cette période de ruée vers l'or noir, l'une des plus grandes entreprises de raffinage du monde, la Standard Oil, fondée par John D. Rockefeller, deviendra l'une des plus grandes compagnies pétrolières mondiales. Initialement utilisé pour son dérivé (le kérosène) qui permettait d'éclairer les villes en tant que « pétrole lampant », le pétrole a d'abord été un substitut à l'huile de baleine. Il est ensuite devenu le carburant par excellence d'une invention qui allait changer le monde au XXe siècle : la voiture. Très rapidement, et vu les multiples utilisations de ce liquide précieux, les USA furent suivis dans leur frénésie exploratrice par d'autres pays. Parmi eux, l'Indonésie et des provinces de l'ex-URSS comme l'Azerbaïdjan, pays où se trouve l'ancienne « capitale mondiale du pétrole » : Bakou.

Facteur déterminant durant les deux guerres mondiales, l'accès aux réserves de pétrole a rythmé la fin du XIXe siècle et animé toute la première moitié du XXe siècle sur fond de rivalités entre puissances impériales allemande, britannique et française et puissances émergentes de l'époque comme la Russie et les USA. C'est à cette

époque que sont nées les grandes compagnies pétrolières, les
« majors », dont certaines, comme Chevron ou Exxon, sont issues de la
division juridique de la Standard Oil, devenue trop imposante et
démantelée en plusieurs filiales par la Justice américaine en 1911. À ces
majors américaines, s'ajoutent des majors européennes comme la Royal
Dutch Shell et la British Petroleum (BP) qui est née des flancs de l'Anglo-
persian Oil company. Ces majors figurent encore dans le top 10 des plus
grandes compagnies pétrolières privées mondiales, en compagnie
d'ExxonMobil ou du groupe français Total. Celui-ci, via son ancienne
filiale ouest-africaine, la COPETAO, explorait déjà le Sénégal dans les
années 1950, bassin où de petites quantités de pétrole et de gaz avaient
été découvertes à Diamniadio (région de Dakar) dès 1959-1960[1].

<u>Figure 7</u> : Exploration de la COPETAO sur la côte sud du Sénégal en
Casamance en 1959, source : Wiki Total SA

---

[1] Pour une revue détaillée de l'exploration pétrolière au Sénégal entre 1950 et 1977, voir
DIA, Oumar, 1977, Ethiopiques n°13, revue socialiste de culture négro-africaine.

Ces grandes compagnies sont parties à la conquête du monde et notamment du Moyen-Orient, région du monde où le pétrole était utilisé depuis des siècles de manière plus ou moins artisanale. Bénéficiant de concessions très avantageuses négociées par des intermédiaires comme l'arménien Calouste Gulbenkian ou le britannique William Knox D'arcy, les compagnies américaines, anglaises, françaises ou hollandaises ont découvert puis développé des gisements géants au début des années 1910 en Iran puis tout au long de la première moitié du XXe siècle en Irak et en Arabie Saoudite. Le plus gros gisement du monde, Ghawar, situé en Arabie Saoudite et produisant à lui seul 5 millions de barils de pétrole par jour[1], à l'heure actuelle, a été découvert et mis en production au début des années 1950. L'époque du pétrole abondant et peu cher en provenance des pays du Moyen-Orient était née et allait faciliter la reconstruction de pays décimés par la seconde guerre mondiale. Ce pétrole peu cher servit de socle à l'âge d'or industriel de l'Occident, théorisé en France sous le vocable des « Trente Glorieuses »[2].

Conscients de leur poids dans les réserves mondiales et dans la marche du monde, les pays du Moyen-Orient et d'Amérique latine nationalisèrent progressivement les compagnies et les concessions sur leurs territoires de 1950 à 1980 et s'organisèrent dès 1960 en un cartel, celui de l'Organisation des pays exportateurs de pétrole (OPEP). Désormais puissants et désirant avoir une meilleure part dans la rente pétrolière, ils entraînèrent, suite à des évènements politiques déclencheurs (guerre du Kippour, chute du Shah d'Iran) une hausse soudaine des prix du pétrole : ce sont les chocs pétroliers de 1973 et 1979. Ces hausses de prix, peut-être encouragées par les « majors » pétrolières[3], permirent à ces dernières largement intégrées à l'époque, c'est-à-dire présentes dans l'exploration-production, le raffinage et la distribution, de se recentrer sur leur cœur de métier en relançant leurs activités d'exploration-production. Cette stratégie encouragée par leurs gouvernements leur permit au début des années 1980 de récolter les

---

[1] La production du champ de Ghawar est équivalente celle cumulée des trois plus gros producteurs africains en 2015 : Nigéria, Angola et Algérie.
[2] Voir le site web du ministère de l'Economie et des Finances français revenant sur les « Trente glorieuses » : https://www.economie.gouv.fr/facileco/chocs-petroliers
[3] AUZANNEAU, Matthieu (2015), *Or noir, la grande histoire du pétrole*, Paris, Editions la Découverte/Poche, p.453-479

fruits des efforts de recherche entamés dans les années 1970. En effet, les chocs pétroliers furent suivis de la mise en production de nouvelles contrées pétrolières comme l'offshore de la mer du Nord, l'Alaska avec le champ de Prudhoe Bay, le Golfe de Guinée ou encore le Mexique avec les champs de Cantarell et de Ku-Maloob-Zaap, ces derniers étant découverts par PEMEX, la société nationale pétrolière mexicaine. Peu avant, en 1967, du pétrole lourd avait été découvert dans l'offshore au sud de la Casamance, dans une zone commune entre la Guinée Bissau et le Sénégal : ce sont les gisements de Dôme flore et Dôme Gea, inexploités jusqu'ici (pétrole trop lourd, trop soufré).

Cette diversification des contrées pétrolières affaiblit les pays disposant de réserves et, avec le concours d'autres facteurs, fit baisser les prix : c'est le contre-choc pétrolier de 1986. Cette date correspond d'ailleurs à une révision importante des législations pétrolières dans le monde. Cette révision prenant la forme d'un assouplissement dans les pays producteurs traditionnels ou d'incitations dans les pays inexplorés mais disposant d'un potentiel pétrolier intéressant. De nombreuses petites compagnies nationales virent le jour dans les années 1980, dont Petrosen, de même que de nombreuses compagnies de taille intermédiaire voire petite, les « independants ». Celles-ci, fondées par d'anciens ingénieurs expérimentés venant des « majors », disposent souvent d'un bon bagage technique et s'aventurent dans des zones peu explorées comme l'offshore ouest-africain. Tous ces efforts de diversification, soutenus par les emprunts sur les marchés financiers et le progrès technique (amélioration de la sismique, forages offshore) permirent de satisfaire la demande pétrolière mondiale. Celle-ci est progressivement passée de 30 millions de barils/jour (30 MMbbl/j) en 1965, à 54 MMbbl/j en 1975, puis à 70 MMbbl/j en 1995 et s'établissait à 96 MMbbl/j en 2016. Ces chiffres en continuelle hausse cachent cependant des bouleversements profonds dans la structure de la demande et de l'offre pétrolière. Concernant cette dernière, il faut souligner que les réserves étaient majoritairement détenues par les « majors » pétrolières jusque dans les années 1960-1970, mais les nationalisations et les découvertes d'importants gisements au Brésil, au Mexique, en Algérie ou au Venezuela, ont consacré un contrôle accru et désormais majoritaire des compagnies pétrolières nationales sur les réserves mondiales. Quant à la demande, elle a été tirée depuis le début des années 1990 par des pays dits « émergents » comme la Chine, deuxième plus gros consommateur mondial de pétrole derrière les USA.

Le gaz naturel, longtemps brûlé car considéré comme peu rentable, est devenu depuis une quarantaine d'années un produit d'intérêt aussi important que le pétrole. Les pays producteurs de gaz, comme le Qatar ou la Russie, sont souvent d'importants producteurs de pétrole mais la différence fondamentale entre ces deux produits réside dans les investissements nécessaires à leur valorisation ainsi que les marchés où ils seront écoulés. Nous étudierons dans les sous-chapitres suivants la production et la consommation de pétrole et de gaz dans le monde, ainsi que les aspects clés de leur commerce, pilier de l'économie mondiale.

3.2 - Réserves et production de pétrole et de gaz

Réserves et production de pétrole dans le monde

La production mondiale de pétrole s'est diversifiée durant les trois dernières décennies. L'OPEP, omnipotente dans les années 1970 et le début des années 1980, a vu son influence diminuer en raison de l'apport d'une multitude de pays producteurs proches des gros centres de consommation que sont l'Amérique du nord, l'Europe et l'Asie du sud-est. La production de gaz est quant à elle encore localisée dans quelques grands pays mais connaît, elle aussi, une diversification progressive.

Cette diversification ne doit cependant pas occulter le fait que les plus grosses réserves prouvées (1P) de pétrole sont détenues par quelques pays et leurs sociétés nationales. Il s'agit entre autres de l'Arabie Saoudite avec sa Saudi Aramco, du Venezuela (PDV SA), de la Russie (Rosneft), de l'Iran (NIOC), de l'Irak (INOC), du Koweït (KPC) et des Émirats Arabes Unis. La Chine, bien qu'importatrice, produit également beaucoup de pétrole grâce à ses compagnies nationales que sont Sinopec et la China National Petroleum Company (Petrochina). Le Canada, avec ses sables bitumineux, possède également d'importantes réserves mais leur production est l'une des plus énergivores et gourmandes en eau au monde.

Depuis le début des années 2000, et surtout après la crise financière de 2008, les USA ont relancé l'exploration et la production d'hydrocarbures sur leur territoire grâce aux pétroles de schiste ou de réservoirs compacts. Directement extraits de la roche-mère (celle qui a généré le pétrole) ou de réservoirs très peu perméables, ces hydrocarbures arrivés sur le marché mondial à la fin des années 2000 ont petit à petit entrainé une chute importante du prix du baril, avec l'effet combiné du refus des pays de l'OPEP, Arabie Saoudite en tête, de baisser leur production. Le tableau suivant résume très sommairement les forces en présence dans la production et les réserves pétrolières dans le monde et en Afrique. Le potentiel du Sénégal est cité, à titre de comparaison, en s'appuyant sur les données provisoires des gisements commerciaux découverts (SNE).

Pays	Production - 2015 (millions de barils/jour)	Réserves 1P - 2015 (millions de barils)
USA	12,7	55000
Arabie Saoudite	12,0	266600
Russie	10,9	102400
Canada	4,4	172000
Chine	4,3	18500
Nigéria	2,35	37000
Gabon	0,23	2000
Sénégal	**0,12 (SNE vers 2027)**	**563 (SNE 2C)**

Tableau 1 : Production et réserves de pétrole dans le monde. Source : BP review of world energy 2016, Cairn 2017 pour données sur le Sénégal.

Ce tableau montre que le Sénégal, hormis futures découvertes exceptionnelles, restera un modeste producteur de pétrole à l'échelle mondiale. D'autres chiffres tirés des gisements SNE-NORTH, FAN SOUTH et FAN agrandiront, après évaluation, les réserves pétrolières du Sénégal. Les perspectives de nouvelles découvertes sont également positives selon les dernières prévisions d'exploration de Cairn Energy et de ses partenaires. Par ailleurs, l'offshore ultra-profond pourrait être prolifique.

Réserves et production de gaz dans le monde

Le gaz est essentiellement utilisé pour produire de la chaleur. Exploité de manière artisanale depuis des siècles, il est devenu depuis les années 1960, et encore plus durant les années 1980, une cible d'exploration à part entière. Il n'est donc plus vu comme un « heureux dommage collatéral » de l'exploration pétrolière. Depuis lors, le gaz a été largement utilisé pour le chauffage dans l'habitat en Europe et surtout dans la production d'électricité comme substitut du fioul lourd dans les centrales thermiques.[1]

Comme nous l'avons déjà évoqué, le gaz naturel a une contrainte majeure : à pression et température ambiantes, c'est un gaz. Il doit donc, dès sa sortie du gisement, être envoyé au consommateur par gazoduc ou être liquéfié dans des usines spéciales situées à terre ou sur d'immenses bateaux en mer (FLNG). Ces investissements sont lourds et font du gaz un produit moins exporté que le pétrole même si ces dernières années, il s'exporte de plus en plus sous forme de gaz naturel liquéfié (GNL) en plus petites quantités grâce à des bateaux spécialisés appelés méthaniers. Cependant, la plupart des pays producteurs vendent encore leur gaz à des pays ou des régions géographiquement proches ou, pour certains, le consomment entièrement. C'est notamment le cas des États-Unis, dont le gaz est devenu la première source de production d'électricité en 2015. Le gaz et le pétrole se formant à partir des mêmes roches-mères, on retrouve certains grands pays pétroliers parmi les plus grands producteurs et détenteurs de réserves de gaz. Classiquement, la production de gaz se mesure en milliards de pieds cubes par jour ou « billion cubic feet » (BCF) par jour alors que les réserves se mesurent en « trillion cubic feet » (TCF).

---

[1] Selon l'Agence internationale de l'Energie (AIE), l'électricité produite dans le monde en 2015 était fournie par les sources primaires suivantes : du charbon à 39 %, du gaz naturel à 23 %, de l'hydroélectricité à 16 %, du nucléaire à 11 %, du solaire et autres renouvelables à 5 % et du fioul lourd à 4 %.

Le tableau 2 ci-dessous liste les principaux producteurs et détenteurs de réserves de gaz dans le monde.

Pays	Production - 2015 (BCF/jour)	Réserves 1P - 2015 (TCF)
USA	74,2	369
Russie	55,5	1139
Iran	18,6	1201
Qatar	17,6	866
Turkménistan	7,0	617
Algérie	8,0	159
Nigeria	4,8	180
Sénégal	**0,9 BCF (Tortue 2023)**	**35 (2C)**

Tableau 2 : Production et réserves de gaz dans le monde. Source : BP review 2016, Kosmos 2017 pour données sur le Sénégal.

La liste des pays producteurs de gaz ressemble sous certains aspects à celle des pays producteurs de pétrole. Quelques pays ayant d'importantes superficies (USA, Chine, Russie) apparaissent dans chacun de ces classements, de même que les puissances du Moyen-Orient (Arabie Saoudite, Qatar, Emirats Arabes Unis). En Afrique, le Nigéria, l'Algérie et l'Angola sont les trois mastodontes pétroliers et gaziers auquel il faudra bientôt rajouter le Mozambique où d'importantes réserves de gaz (160 TCF) ont été découvertes ces dernières années. Le Sénégal a découvert environ 35 TCF sur trois gisements : Tortue, Teranga et Yakaar. Au regard de ce qui précède et en l'état actuel des découvertes, le gaz et le pétrole sénégalais sont en quantité réduite par rapport à d'autres pays en Afrique ou dans le monde. Ils constitueront un levier puissant mais temporaire pour renforcer l'économie sénégalaise sur trois décennies et non une source stable de revenus pendant 70 ou 80 ans comme pour les grands pays pétroliers du Moyen-Orient. Leurs productions atteindront irrémédiablement un pic.

Le pic du pétrole : une réalité géologique

Le pic pétrolier est une expression qui renvoie à l'épuisement géologique naturel des ressources pétrolières. Celles-ci sont non renouvelables à l'échelle d'une vie humaine et constituent donc un stock fini qui, lorsqu'il est mis en production, passe par un maximum avant de décliner. Toujours vérifié à l'échelle du gisement, le pic pétrolier devait se vérifier à l'échelle d'un pays. C'était l'intuition d'un géophysicien américain, King Hubbert, qui a formulé la théorie mathématique du pic pétrolier dans les années 1950. Selon Hubbert, toute production nationale de pétrole n'arrivant pas à découvrir de nouveaux gisements, donc de nouveaux barils, finirait forcément par plafonner avant de décliner. En effet, dans un pays ou une région, on découvre d'abord en général les grands gisements, puis des gisements de taille moyenne et enfin des gisements de plus en plus en petits. Pendant ce temps, et vu la forte demande, tout ce qui est produit est consommé : cette hausse de la production ne faisant que répondre à une hausse de la consommation (centrales thermiques, transport, chauffage etc.)

Or si l'on produit plus de barils que l'on en trouve, cela a pour conséquence d'épuiser rapidement les réserves existantes et ce, malgré les techniques d'amélioration de la production (réinjection d'eau, de gaz etc.) appliquées sur chaque gisement. Malgré des critiques sur les outils mathématiques utilisés pour sa modélisation, la théorie du pic pétrolier traduit une réalité géologique et de nombreux pays sont déjà passés par leur « pic » - qui ressemble plutôt à un plateau maximal de production - et ont entamé leur phase de déclin selon une tendance lourde parfois atténuée par de nouvelles découvertes. C'est le cas du Royaume-Uni et de la Norvège.

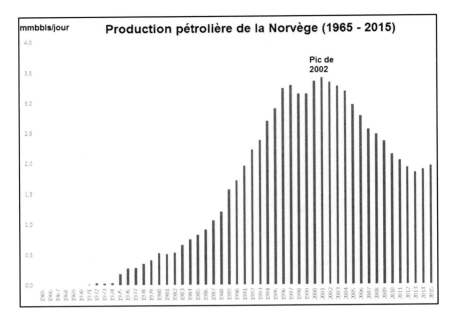

Figure 8 : Production pétrolière de la Norvège (1965-2015). Source : auteur d'après BP statistical review of world energy 2016

Amélioré depuis son lancement, le modèle de Hubbert a fait des émules et l'idée d'un pic mondial de la production est désormais acceptée, y compris au sein des grandes compagnies pétrolières et des agences internationales comme l'AIE. De nouvelles technologies peuvent cependant le décaler en permettant de mettre en production des ressources nouvelles. C'est ce qui est arrivé avec les USA, qui étaient dans un déclin plus ou moins continu depuis le pic de 1970 mais dont la production est repartie à la hausse avec l'exploitation intensive des pétroles de schiste, des pétroles de réservoirs compacts et des liquides de gaz naturel depuis 2007 grâce à la technique de la fracturation hydraulique.

La prédiction du pic mondial est un exercice délicat au regard des nouvelles découvertes et de la mise en production de « nouveaux » types de pétrole (sables bitumineux, pétroles de schiste etc.). L'existence même d'un pic mondial étant impossible à remettre en cause, c'est la date à laquelle il surviendra qui est l'objet de désaccords entre différentes entités. Par exemple, l'ASPO (Association for the Study of Peak-Oil) est une organisation qui regroupe des géologues, des géophysiciens et des ingénieurs réservoir expérimentés qui ont pour la plupart travaillé dans les plus grandes compagnies pétrolières du monde. Elle prévoit que le pic de pétrole à l'échelle mondiale aura lieu entre 2015 et 2020 entre 95 et 100 millions de barils/jour. L'avenir livrera son verdict. Quoi qu'il en soit, l'existence d'un pic de la production mondiale ne signifie pas pour autant la fin du pétrole. Elle signifie plutôt la fin du pétrole bon marché car il faudra consacrer de plus en plus d'énergie à l'exploration-production afin de trouver des gisements de plus en plus petits[1] pour compenser la baisse inéluctable des réserves ; baisse que l'on appelle « déplétion ».

Le Sénégal connaitra également ses pics de pétrole et de gaz, mais pour l'instant, nul ne peut prévoir à quelle période ceux-ci arriveront. A l'échelle mondiale, le pic pétrolier signifie des bouleversements sociétaux majeurs tant le pétrole constitue le sang qui irrigue nos économies et nos sociétés. Le gaz connaitra probablement un pic décalé de quelques décennies par rapport à celui du pétrole surtout si les gaz de schistes sont exploités un peu partout (Russie, Algérie, Chine, USA etc.).

Une telle démarche d'exploration tous azimuts pourrait être contrainte par l'urgence climatique et des mesures tranchées comme, par exemple, un retrait des banques du financement des activités d'exploration-production des énergies fossiles.

---

[1] L'accroissement continu de l'énergie nécessaire pour trouver et exploiter les mêmes quantités de pétrole ou de gaz est saisi par la notion d'EROI (Energy return on investment). Les gisements de grande taille faciles à trouver, nécessitaient peu d'énergie investie par baril découvert et produit. Dans les années 1940-1950, il fallait quelques camions sismiques et un appareil de forage pour explorer le désert d'Arabie. Les coûts de production y étaient et y demeurent également faibles. A contrario, la quantité d'énergie investie pour chercher et produire un baril est plus élevée de nos jours, notamment pour les gisements offshore profonds. Il faut forer plus profondément avec des appareils plus sophistiqués. Il faut également des hélicoptères, des datacenter pour traiter les données sismiques complexes, des FPSO ou des plateformes etc. Ainsi, même si leur pic de production n'est pas encore atteint, le pétrole et le gaz coûtent de plus en plus cher à extraire en termes d'énergie : leur EROI est en baisse depuis des décennies. Ex : Avec 1 baril de pétrole, on arrivait à produire 45 barils en 1945 (EROI 45 :1). En 2017, cette valeur tombe à 15 (EROI 15 :1). Source : FIZAINE, Florian and Victor COURT, 2017, *Long-term estimates of the energy-return-on-investment (EROI) of coal, oil, and gas global productions*.

Examinons brièvement quels pays sont les plus gros consommateurs de pétrole et de gaz dans le monde et quels sont les mécanismes et principes qui organisent leur commercialisation.

3.2 - Consommation et commerce du pétrole et du gaz

3.2.1 - Prix et commerce du pétrole

Indicateur important du commerce international, le prix du pétrole a tour à tour connu des variations soudaines et de longues périodes de stabilité depuis les débuts de l'exploration-production moderne (voir figure 9).

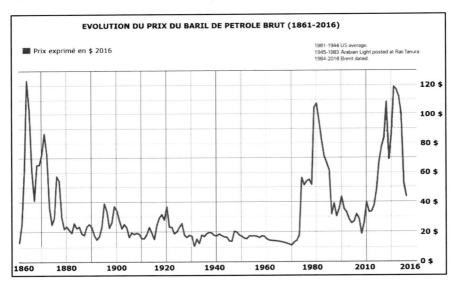

Figure 9 : Evolution du prix du baril de pétrole brut de 1860 à 2016. Le dollar US de 2016 est choisi pour faciliter la comparaison entre époques. Source : BP statistical review of world energy 2017 (modifié).

Depuis 1860, année de sa « découverte », le pétrole s'est montré insaisissable dans ses prix car il dépend de paramètres nombreux et variables au cours du temps. Il s'agit, entre autres, de l'offre et de la demande, des coûts de production, des tensions politiques dans les régions productrices, du progrès technique, de la disponibilité des capacités de raffinage, des crises et spéculations financières etc.

Le prix du pétrole est fixé par le marché international car le coût du transport du pétrole est négligeable par rapport au prix du produit. On dit du pétrole qu'il est un bien commercial échangeable. Les prix (pour toutes les variétés de pétrole) sont déterminés à partir des cours de quelques pétroles bruts de référence de qualité bien particulière (degré API (densité), teneur en soufre etc.) dont les cours varient quotidiennement. Ces pétroles bruts de référence sont :

- Le Brent (38 °API et 0,37 % de sulfures)
- Le Dubaï (31 °API et 2 % de sulfures)
- Le West Texas Intermediate WTI (39,6 °API et 0,24 % de sulfures)
- Le Bonny-light (32.9 °API et 0,16 % de sulfures)

Hormis les paramètres de marché cités plus haut, le prix d'un pétrole brut dépend de ses caractéristiques physico-chimiques jugées par rapport à celles d'un brut de référence. Un pétrole contenant plus de 5 % de sulfures sera plus difficile à raffiner, aura moins de valeur et coûtera moins cher qu'un pétrole léger et peu soufré qui sera demandé par beaucoup d'acheteurs (les raffineries apprécient beaucoup le Bonny-light nigérian par exemple). Pour garantir une qualité constante du pétrole brut, un vendeur peut mélanger plusieurs qualités de pétroles bruts (cas du Brent).

Lorsqu'un acheteur souhaite se procurer du pétrole, il mandate souvent un intermédiaire qui doit négocier avec un vendeur (un État producteur ou une compagnie pétrolière) disposant d'une quantité de pétrole brut suffisante en stock et prête à être vendue. Le transport du pétrole brut est assuré en général par d'immenses bateaux appelés « tankers ». Ceux-ci peuvent parfois transporter en une seule cargaison jusqu'à 300 000 tonnes de pétrole brut (soit 2,2 millions de barils).

Dans notre exemple ci-dessus, le prix payé par l'acheteur sera égal à la somme de plusieurs éléments. En effet, le prix d'achat final payé par l'acheteur va d'abord inclure le prix d'un baril de référence (exemple : le Brent) à partir du port d'expédition avec une différence de quelques dollars selon la qualité réelle du pétrole brut. On appelle ce prix au port d'expédition, le prix « Free on board » (FOB). En plus du prix FOB, l'acheteur devra également souscrire à une assurance et supporter le coût du transport vers le port de destination. Ce coût de transport ne dépasse jamais quelques dollars par baril. Le prix payé par l'acheteur au niveau du port d'arrivée est donc égal au coût FOB + l'assurance + le transport. C'est pour cela que ce prix d'arrivée est appelé prix CIF (« Cost + Insurance + Freight »). Enfin, l'acheteur au port d'arrivée devra également payer, en plus du prix CIF, d'éventuelles taxes et devra rémunérer l'intermédiaire via une commission qui s'élève en général à quelques dizaines de centimes de dollars/baril. Avec la forte demande mondiale en pétrole, il arrive que la cargaison en pétrole brut d'un navire tanker soit achetée et revendue par différents acteurs (trader, compagnie, raffinerie) pendant qu'il est en mer.

Ce type de transaction porte sur des cargaisons réelles devant être livrées sous 24 à 48 heures et dépend des fluctuations quotidiennes du prix du baril. Il se déroule sur le marché dit « spot », qui est donc un marché au comptant : l'opération s'effectue immédiatement avec le prix du moment. Il existe également des marchés « à terme » dont le fonctionnement est différent du marché « spot ». Sur les marchés à terme, l'acheteur signe un contrat d'achat avec un vendeur pour que celui-ci lui livre le pétrole brut à une date ultérieure : deux, trois ou quatre mois plus tard. Au moment de signer leur contrat, l'acheteur et le vendeur conviennent d'un prix fixe qui s'appliquera lorsque le pétrole sera livré. Exemple : Au port de Dakar, il y a une entreprise de transformation de poisson et un pêcheur qui s'apprête à aller en mer. Le pêcheur peut, avant même de quitter le port, conclure un contrat avec un prix de vente fixe de la future prise de poissons qu'il ramènera au port : le pêcheur et l'entreprise de transformation de poisson concluent ici un contrat à terme.

Ainsi, dans un contrat à terme, dès le départ, le prix convenu ne change pas, quelles que soient les variations du prix du baril à l'avenir. Cela garantit au vendeur un revenu qu'il maitrise et évite à l'acheteur de perdre de l'argent entre le moment où il achète son pétrole brut et le moment où il est raffiné. Car s'il y a baisse du prix du baril, les prix des produits raffinés (essence, gasoil etc.) baissent également.

Etant donné que le prix de vente est fixé d'avance dans un contrat à terme, il n'y a pas vraiment possibilité de gagner de l'argent en revendant la cargaison finale à quelqu'un d'autre. Cependant, un trader financier peut parier sur le fait que le prix du baril lorsque contrat arrivera à terme, sera plus élevé ou plus bas qu'il ne l'est au moment où est signé le contrat. Pour gagner de l'argent à travers cette spéculation sur les prix, le trader peut acheter ou revendre à terme à d'autres traders une cargaison de « barils papiers », c'est-à-dire qui ne sont pas liés à des stocks réels. Ces mouvements en bourse joueraient un rôle de plus en plus important dans la formation du prix du baril de pétrole, prix qui dépendait auparavant de l'offre et de la demande réelle de pétrole à l'échelle mondiale.

Les principales places de trading pétrolier sont le « New-York Mercantile Exchange » (NYMEX) et le « International Exchange » (ICE) de Londres. D'après la BP statistical review of world energy 2017, le monde a consommé en 2016 une moyenne de 96 millions de barils par jour (96 MMbbl/j). Cette demande qui inclut le pétrole brut et les produits issus de son raffinage, a été tirée par les USA (19,6 MMbbl/j), l'Union Européenne (12,9 MMbbl/j) la Chine (12,4 MMbbl/j), l'Inde (4,5 MMbbl/jour) et le Japon (4 MMbbl/j). La consommation du Sénégal en 2016 s'élevait à 0,045 MMbbl/j soit 45 000 barils par jour.

3.2.2 - Prix et commerce du gaz naturel

Contrairement au pétrole, le commerce du gaz naturel n'est pas (encore) basé sur un prix homogène à l'international. En effet, l'état gazeux du gaz naturel à pression ambiante ne facilite pas son stockage et son transport. De ce fait, la valorisation du gaz naturel a longtemps été suspendue à l'existence d'un acheteur prêt à acquérir, pendant plusieurs années, la production d'un gisement. Ces contrats « longue durée » étaient en effet la condition nécessaire au développement d'un projet gazier. Ce développement consistait alors à raccorder le site de production, l'usine de traitement et l'acheteur grâce à des gazoducs.

Ainsi, la plupart du gaz naturel dans le monde est vendu par gazoducs selon des prix négociés localement. Ainsi, en 2016, 1 MCF de gaz naturel, soit 1 millionième de BCF, était vendu au Canada à 1,5 dollars US (USD) tandis qu'il était à 2,5 USD aux USA et 5 USD en Allemagne. Preuve de l'ancrage local du marché du gaz naturel expédié par gazoduc, l'Allemagne importait en 2016 environ 3500 BCF/jour dont 99 % provenaient de seulement trois pays : les Pays-Bas, la Norvège et la Russie. Moscou est d'ailleurs le plus gros exportateur de gaz naturel par gazoduc au monde, suivi de la Norvège, du Canada, des USA et des Pays-Bas (source : BP statistical review of world energy 2017).

Cependant, depuis le début des années 1990 et encore plus durant les années 2000, le gaz naturel liquéfié (GNL ou « LNG » en anglais) gagne du terrain et redessine la carte du commerce gazier dans le monde. Le GNL est issu de la liquéfaction du gaz naturel dans des usines à terre ou dans des navires FLNG présentés dans le chapitre 2. Une fois liquéfié, le gaz est enlevé sur le FLNG ou dans un terminal maritime spécialisé, par d'immenses navires appelés méthaniers. Ces navires, alter-égo des tankers pétroliers, portent ce nom car le gaz naturel est essentiellement constitué de méthane (CH_4). Les usines de liquéfaction, les FLNG et les méthaniers coûtent cher car ils doivent maintenir le gaz naturel à une température de -165°C pour qu'il reste à l'état liquide. C'est pour cela qu'en dessous de certains volumes, les projets de liquéfaction du gaz naturel ne sont pas développés. Malgré ces barrières économiques, le gaz naturel liquéfié (GNL) représente désormais 30 % du commerce mondial du gaz naturel, les 70 % restants étant assurés par gazoduc. Le développement du GNL ira sans doute croissant à l'avenir étant donné que la plupart des « majors » pétrolières (BP, Total, Exxon, Shell) sont en train de réorienter leur stratégie pour devenir des « majors » gazières. Les plus gros exportateurs de GNL sont le Qatar, l'Australie, l'Indonésie et le Nigéria (source : BP statistical review of world energy 2017).

L'une des conséquences directes de l'avènement du GNL est qu'il fait du gaz naturel un produit commercialisable à l'international comme le pétrole. Son commerce se déroule également sur des marchés spot et des marchés à terme comme nous l'avons vu pour le pétrole. De plus, le prix du gaz naturel a pendant longtemps été dépendant de celui du pétrole mais selon plusieurs spécialistes, ce serait de moins en moins le cas.

Chapitre 3 : Historique et aperçu économique global

Ce qu'il faut retenir

✓ L'exploration moderne du pétrole est née aux USA dans les années 1850-1860. Très rapidement, le pétrole a été exploité en Indonésie, en ex-URSS, au Moyen-Orient et plus récemment en Afrique. Le gaz, longtemps négligé, est devenu depuis 1960, une cible d'exploration.

✓ Au Sénégal, l'exploration a débuté dans les années 1950, avec des prospections en Casamance, à Diamniadio etc. Petrosen, la société nationale pétrolière sénégalaise, est née en 1981.

✓ Les plus gros producteurs de pétrole sont les USA, l'Arabie Saoudite et la Russie. La plupart des réserves dans le monde sont détenues par le Venezuela, le Canada et les pays du Moyen-Orient dont le pétrole a été nationalisé au profit de leurs compagnies nationales.

✓ La vente et l'achat de pétrole se font sur deux types de marchés. D'abord les marchés « spot », où les prix varient au jour le jour selon des barils de référence (Brent, Dubai, WTI). Ensuite les marchés « à terme » où le prix est négocié à l'avance et reste fixe.

✓ Le prix d'une cargaison de pétrole chargée dans un « tanker » au port de départ est appelé prix FOB. Le prix du pétrole au port d'arrivée est appelé prix CIF et inclut le prix FOB, l'assurance et le transport.

✓ Le gaz naturel est souvent vendu sur un marché local, les plus gros étant les USA, l'Europe de l'ouest, le Japon et la Chine. Cependant, sa liquéfaction sous forme de GNL et son exportation grâce à des méthaniers en font désormais une matière première énergétique internationale vendue sur des marchés « spot » et « à terme ».

Deuxième Partie

Le pétrole et le gaz au Sénégal

Chapitre 4 : Les acteurs de l'amont pétrolier au Sénégal

Au Sénégal, l'amont du secteur pétrolier voit interagir plusieurs entités. Hormis les compagnies pétrolières internationales qui sont des acteurs privés, interviennent également des acteurs étatiques, des institutions internationales et des organisations de la société civile. Ces acteurs ne jouent pas le même rôle et n'ont pas tous la même influence dans l'exploration-production. Il y a entre eux de vraies différences en termes de pouvoir de décision ou de participation effective d'un point de vue financier et humain. Par ailleurs, certains de ces acteurs sont explicitement cités par le Code pétrolier et son décret d'application alors que d'autres viennent se greffer au secteur via d'autres canaux. Le présent sous-chapitre explique le rôle et la position de ces différents acteurs.

4.1 - Les compagnies pétrolières internationales

Ce sont toutes les compagnies pétrolières légalement constituées et dont les parts sociales (SARL) ou l'actionnariat (pour les SA) ne sont pas détenus en majorité par l'État du Sénégal mais par des capitaux privés nationaux ou internationaux, ce dernier cas étant le plus courant. Elles sont le pilier de l'exploration-production au Sénégal, car le risque d'exploration et les investissements lourds qui y sont associés reposent sur elles. Elles forment des associations avec Petrosen et signent des contrats avec l'État sur l'un des 18 blocs pétroliers du domaine minier sénégalais, blocs auxquels il faut ajouter les deux blocs AGC conjointement gérés par le Sénégal et la Guinée-Bissau. Ces blocs sont présentés par la figure 10 ci-après:

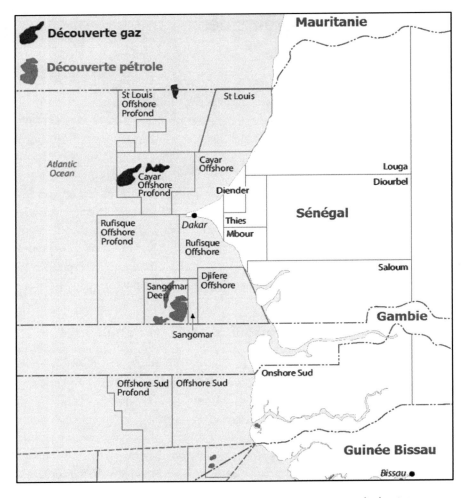

Figure 10 : Carte des blocs pétroliers du domaine minier sénégalais avec découvertes de pétrole et de gaz. Source : Simco 2017 (modifié)

Au 01/01/2018, les blocs pétroliers « actifs », c'est-à-dire occupés par des compagnies pétrolières internationales associées à Petrosen, sont tels que listés par le tableau 3 :

Bloc pétrolier	Compagnies (parts)	Opérations au 01/01/2018
Saint-Louis offshore	Oranto (80 %) Petrosen (20 %)	Exploration
Saint-Louis offshore profond	BP (60 %) Kosmos (30 %) Petrosen (10 %)	Exploration Evaluation DFI[1] en 2018
Cayar offshore	Oranto (100 %)	Exploration
Cayar offshore profond	BP (60 %) Kosmos (30 %) Petrosen (10 %)	Exploration Evaluation
Rufisque offshore	Cairn Energy (40 %) Woodside (35%) FAR (15 %) Petrosen (10 %)	Exploration
Rufisque offshore profond	Total E&P (90 %)[2] Petrosen (10 %)	Exploration
Sangomar offshore	Cairn Energy (40 %) Woodside (35 %) FAR (15 %), Petrosen (10 %)	Exploration
Sangomar offshore profond	Cairn Energy (40 %) Woodside (35 %) FAR (15 %), Petrosen (10 %)	Exploration Evaluation DFI en 2019
Djifere offshore	Trace Atlantic Oil (45,9 %) Cap Energy (44,1%) Petrosen (10 %)	Exploration
Senegal offshore sud profond	African Petroleum (90 %) Petrosen (10 %)	Exploration
Diender (onshore)	Fortesa (90%) Petrosen (10 %)	Exploration
	Fortesa (70%) Petrosen (30 %)	Exploitation
Saloum (onshore)	Tender Oil & Gas (90 %) Petrosen (10 %)	Exploration
Senegal onshore sud	Tender Oil & Gas (90 %) Petrosen (10 %)	Exploration

Tableau 3 : Situation des blocs pétroliers actifs au 01/01/2018 au Sénégal. Source : CN-ITIE rapport ITIE Sénégal 2016 et divers.

---

[1] DFI = Décision finale d'investissement avant l'étape d'exécution du développement.
[2] L'octroi du bloc Rufisque offshore profond à Total E&P a été contesté par African Petroleum Company qui y bénéficiait d'un CRPP.

En plus de leurs strictes activités d'exploration et de production, les compagnies pétrolières réalisent des dépenses de responsabilité sociétale des entreprises (RSE) auprès des communautés qui sont impactées ou pourraient être impactées par leurs activités. Le détail de ces dépenses peut être consulté dans les rapports annuels du CN-ITIE, l'un des acteurs étatiques et institutionnels que nous allons maintenant présenter.

4.2 - Les acteurs étatiques et institutionnels

Ils sont constitués par les ministères, institutions, services de l'administration, agences, comités et sociétés nationales intervenant dans l'amont pétrolier. Parmi ces entités, les plus importantes sont :

Le Président de la République

Dans l'attelage législatif pétrolier du Sénégal, le Président de la République occupe une place centrale. En effet, la loi lui confère le pouvoir d'autoriser l'entrée d'une compagnie pétrolière dans le domaine minier sénégalais ainsi que la prorogation ou le renouvellement de ses activités d'exploration et de production éventuelle d'hydrocarbures. Ainsi, aucun contrat pétrolier ne peut être considéré comme valable s'il n'est pas approuvé par un décret présidentiel signé et publié au journal officiel.

Le ministère en charge de l'Energie ou du Pétrole[1]

Il s'occupe de tous les aspects administratifs liés aux demandes, à l'octroi et au renouvellement des contrats pétroliers. Comme le dispose la législation pétrolière présentée dans le chapitre 5, le Ministre en charge de l'Énergie ou du Pétrole doit notamment produire les rapports sur lesquels le Président de la République s'appuie pour signer les décrets qui valident les contrats pétroliers.

---

[1] Le nom générique « ministère en charge de l'Energie ou du Pétrole » est un choix d'écriture qui permet de garder une dénomination flexible adaptée aux éventuels changements futurs. Depuis 2009, ce ministère a connu de nombreuses modifications de nom : ministère de la coopération internationale, du transport aérien, des infrastructures et de l'Energie, ministère des Mines et de l'Energie, ministère de l'Energie, ministère de l'Energie et du développement des Energies renouvelables ou, au 01/01/2018, ministère du Pétrole et des Energies.

Il valide également les programmes de travaux d'exploration des compagnies, reçoit leurs rapports trimestriels d'activité, valide leurs éventuelles cessions de participations en conformité avec les dispositions de la législation pétrolière.

La Direction des hydrocarbures

Au sein du ministère, la Direction des hydrocarbures est chargée de tenir un registre dans lequel sont enregistrées toutes les demandes, attributions et prorogations de contrats pétroliers. Cette Direction est en principe chargée de surveiller les opérations pétrolières.

Le ministère en charge de l'Energie ou du Pétrole est un acteur clé, qui interagit avec les compagnies pétrolières durant toute la durée de leur présence au Sénégal. Il est présent à toutes les étapes du processus administratif et technique entre l'État et les compagnies.

Petrosen

La Société des Pétroles du Sénégal, Petrosen, est la société d'État à travers laquelle l'État du Sénégal intervient dans l'amont pétrolier. Petrosen est née en 1981 et est une société anonyme détenue à 99 % par l'État du Sénégal et 1 % par la Société Nationale de Recouvrement (SNR). Elle est placée sous l'autorité du ministère en charge de l'Energie ou du Pétrole, et est composée de plusieurs divisions qui sont : l'exploration-production, la banque de données, la promotion du bassin, la Direction financière, la Direction des ressources humaines etc.

Petrosen joue plusieurs rôles. Elle est un partenaire technique des compagnies pétrolières internationales au sein des associations chargées d'explorer le domaine minier sénégalais. Elle assiste ainsi à toutes les réunions et a accès en temps réel à toutes les informations et ressources techniques qu'elle consigne dans une banque de données.

C'est à travers cette banque de données que Petrosen joue un de ses rôles les plus importants : celui de « mémoire » de l'État dans le domaine pétrolier. Elle conserve trace de toutes les campagnes d'exploration. Ces dernières années notamment, la numérisation complète des données (images sismiques, diagraphies) et la multiplication des opérations d'exploration (sismique 3D, forages) ont permis d'enrichir considérablement la banque de données de Petrosen.

Petrosen est également partie prenante dans l'aval pétrolier en étant actionnaire dans le capital de la Société Africaine de Raffinage (SAR).

Elle collecte pour le ministère en charge de l'Energie ou du Pétrole quelques-uns des paiements obligatoires des compagnies pétrolières internationales. L'essentiel des taxes et impôts est cependant collecté par les services du ministère en charge de l'Economie et des Finances qui est, avec le COS-PETROGAZ, l'un des acteurs clés de l'amont pétrolier au Sénégal.

Le COS-PETROGAZ

Créé par le décret 2016-1542 du 03 octobre 2016, le comité d'orientation stratégique du pétrole et du gaz (COS-PETROGAZ) est chargé de proposer, discuter et valider les grandes orientations que prendra l'État du Sénégal dans le domaine du pétrole et du gaz. Ces orientations concernent la politique de développement des projets pétroliers et gaziers, la formation, la coordination entre la construction d'infrastructures énergétiques (centrales, raffineries etc.) et les exploitations de pétrole et de gaz.

Organe regroupant plusieurs ministères et sociétés nationales, le COS-PETROGAZ est placé sous l'autorité directe du Président de la République et dispose d'un secrétariat permanent assisté par des experts du secteur pétrolier et gazier. Le secrétariat permanent du COS-PETROGAZ est chargé de faire un rapport mensuel au Président de la République et d'effectuer le travail de suivi pour veiller à l'application des orientations qui sont arrêtées.

Le COS-PETROGAZ dispose par ailleurs d'une unité d'exécution et de gestion, le GES-PETROGAZ, logée au ministère en charge de l'Energie ou du Pétrole et dont le chef est nommé par décret, sur proposition du Ministre. Le COS-PETROGAZ se réunit tous les trois mois et est composé entre autres[1] par :

---

[1] La liste complète des membres du COS-PETROGAZ, ses prérogatives et son fonctionnement peuvent être consultés dans son décret de création 2016-1542 disponible en téléchargement sur : itie.sn/?offshore_dl=2265

Le Président de la République
Le Premier Ministre
Le Ministre en charge de l'Energie ou du Pétrole
Le Ministre de l'Economie, des Finances et du Plan
Le Ministre de l'Environnement
Le Ministre de la Pêche
Le Ministre de l'Enseignement supérieur et de la Recherche
Le Directeur Général de Petrosen
Le Directeur Général de la Société Africaine de Raffinage (SAR)
Le Directeur Général de la SENELEC
Le Directeur Général du Fonds souverain d'investissements stratégiques (FONSIS)
Le Secrétaire permanent du COS-PETROGAZ
Le Président du comité national de l'Initiative pour la transparence des industries extractives (CN-ITIE)
Un représentant de l'Assemblée Nationale.
Toute personne qui, en cas de besoin, pourra être invitée par le Président de la République.

Cette liste étant non exhaustive, la composition du COS-PETROGAZ et son rôle de validateur en dernière instance en font un acteur qui centralise la prise de décision et constitue également un lieu d'arbitrage. L'articulation entre Petrosen, le ministère en charge de l'Energie ou du Pétrole et le COS-PETROGAZ, conditionnera la bonne exécution ou non des orientations prises par ce dernier.

Le ministère en charge de l'Economie et des Finances

70 % du pétrole produit dans le monde traverse au moins une frontière. Cela signifie que les pays producteurs ne sont, en général, pas les plus grands consommateurs. Ainsi le pétrole est avant tout une source d'argent venu de l'étranger, une « source de devises » diraient les économistes. C'est pour cela que le ministère en charge de l'Economie et des Finances, joue un rôle important dans le secteur de l'amont pétrolier au Sénégal. Ce rôle consiste d'abord à collecter les revenus tirés de l'exploitation du pétrole et du gaz. En effet, les compagnies pétrolières doivent payer plusieurs taxes, redevances, impôts qui doivent aller dans les caisses de l'État. Le ministère est également chargé de donner son accord avant signature des contrats pétroliers entre Petrosen, le ministère en charge de l'Energie ou du Pétrole et les compagnies pétrolières internationales.

Enfin, le ministère est chargé de signer, au nom de l'État du Sénégal, tous les accords financiers et autres prêts consentis par des institutions comme la Banque Mondiale et qui sont destinés à améliorer les capacités de Petrosen, du ministère en charge de l'Energie ou du Pétrole etc. L'ensemble des paiements, versements, impôts et taxes au profit de l'État sont déclarés annuellement par le comité national pour l'initiative sur la transparence des industries extractives (CN-ITIE).

Le comité national pour l'initiative sur la transparence des industries extractives (CN-ITIE)

Le CN-ITIE est une entité créée par le décret 2013-881 du 20 juin 2013. Il est chargé de la publication de toutes les recettes perçues par l'État sénégalais sous forme de taxes, redevances et impôts payés à l'État par les compagnies évoluant dans les secteurs extractifs : mines et carrières, pétrole et gaz. L'Initiative pour la transparence des industries extractives (ITIE ou EITI en anglais) est née en 2002 sous l'impulsion du Premier Ministre britannique de l'époque, Tony Blair. Il s'agit d'une norme de publication des revenus pétroliers et miniers qui est volontairement mise en œuvre par 52 pays dont le Sénégal.

De nombreuses compagnies minières et pétrolières adhèrent également à l'ITIE, conscientes de la nécessité d'améliorer l'image et le comportement des entreprises du secteur extractif. Chaque année, l'organisation internationale de l'ITIE vérifie si les pays qui mettent en œuvre la norme en respectent les exigences, à savoir :

- l'existence d'un comité formé par des représentants du gouvernement, du parlement, de la société civile et des compagnies du secteur extractif.

- la mise à disposition de documents de vulgarisation sur la législation minière et pétrolière par le comité local de l'ITIE.

- la publication des contrats liant l'État aux compagnies ainsi qu'un registre de toutes les compagnies actives.

- la publication d'un rapport annuel sur les revenus collectés par l'État.

- l'allocation et l'utilisation par l'État des revenus tirés de l'exploitation des secteurs extractifs.

Au Sénégal, le CN-ITIE est également chargé de recruter un cabinet indépendant qui vérifie la conformité des données publiées correspondant aux revenus qui doivent être perçus par l'État et ceux qui sont effectivement perçus par l'État. Le CN-ITIE se réunit tous les trois mois et compte en son sein des représentants de la société civile, des ministères impliqués dans les secteurs extractifs, de l'Assemblée Nationale, la presse, etc.[1]

---

[1] Le fonctionnement, la composition détaillée et les missions du CN-ITIE peuvent être consultés et téléchargés sur : itie.sn/textes-reglementation/

La SENELEC et la SAR

Même si elles ne font pas partie des intervenants directs dans l'amont pétrolier sénégalais, les sociétés nationales que sont la SENELEC (Electricité) et la SAR (Raffinage) seront directement impactées par l'exploitation du pétrole et du gaz. En effet, le Code pétrolier sénégalais, qui sera étudié dans le chapitre suivant, dispose que les hydrocarbures produits devront satisfaire en priorité les besoins intérieurs du pays. La SENELEC utilisera une partie du gaz produit pour générer de l'électricité tandis que la SAR utilisera une partie du pétrole produit pour le transformer en produits raffinés (essence, gasoil, butane etc.)

La SENELEC

La Société nationale d'électricité (SENELEC) a été créée en 1983 suite à un engagement financier progressif de l'État dans le secteur de l'électricité. La SENELEC est chargée de la production, du transport et de la distribution d'électricité sur le territoire sénégalais, plus particulièrement dans les zones urbaines où les taux d'électrification atteignent les 88 % selon les chiffres de la Commission de régulation du secteur de l'électricité (CRSE)[1]. L'électrification rurale, qui n'atteint que 29 %, est quant à elle sous la responsabilité de l'ASER (l'Agence sénégalaise d'électrification rurale).

La SENELEC produit essentiellement de l'électricité à partir de centrales thermiques ayant comme combustible des sources primaires d'énergie fossiles. C'est le cas des centrales à fioul lourd du Cap des Biches, de Bel-Air, de Saint Louis. Elle achète également de l'électricité produite par des producteurs indépendants qui exploitent des centrales thermiques à fioul lourd comme celles de Kounoune ou, plus récemment, la centrale à charbon de Sendou à Bargny. SENELEC possède d'une part des centrales et travaille d'autre part avec des producteurs privés indépendants (IPP) qui génèrent également de l'électricité à partir de gaz naturel, de fioul lourd et de gasoil. A côté de ces centrales thermiques utilisant des sources primaires fossiles, la SENELEC achète de l'hydroélectricité et diversifie depuis 2016 ses sources primaires grâce aux centrales solaires de Bokhol, Malicounda,

---

[1] Voir site web du CRSE : http://www.crse.sn/statistiques-du-secteur.

Sinthiou Mékhé et Ten Merina toutes issues de partenariats publics privés (PPP) incluant des entités telles que le FONSIS, Proparco, Senergy, Greenwish Partners ou Meridiam. La SENELEC rachète l'électricité produite par les IPP à prix fixe dans le cadre de contrats d'achat d'énergie (CAE) de 20 à 25 ans en général. Cette électricité est ensuite réinjectée dans le réseau interconnecté de la SENELEC, transportée puis distribuée au consommateur final.

La SAR

La Société africaine de raffinage (SAR) a été créée en 1961 par l'État du Sénégal avec l'appui de grandes compagnies pétrolières comme Total, British Petroleum (BP), Shell etc. Sa raffinerie, devenue opérationnelle en 1963, est située à Mbao (région de Dakar). Elle possédait à ses débuts une capacité de production de 600 000 tonnes, aujourd'hui portée à 1,2 millions de tonnes.

La SAR produit du gaz butane, du kérosène, du diesel, de l'essence entre autres. Ces produits pétroliers sont fabriqués à partir du raffinage du pétrole brut qui est importé par la SAR via des tankers ayant en général une capacité de 100 000 tonnes. Cependant, les besoins du Sénégal en produits pétroliers s'élevaient en 2016 à 2,2 millions tonnes et il faut donc que le déficit de produits pétroliers prêts à l'emploi soit importé. Les activités d'importation, de stockage et de distribution de produits pétroliers sont libéralisées depuis 1998. Cela a permis la naissance d'opérateurs privés sénégalais aux côtés des grandes compagnies de distribution internationales.

La SAR possède des dépôts pour son stockage de pétrole brut ou de produits pétroliers et travaille avec des importateurs et des entreprises disposant également de capacités de stockage qui ont évolué au fil du temps.[1]

---

[1] DIEYE, Fatou Bintou, 2013, *Analyse de la gestion d'approvisionnement et de distribution des produits pétroliers au Sénégal,* Mémoire de Master 2, Institut Supérieur de Transport Logistique (IST), Groupe SupdeCo.

4.3 - Les institutions internationales et la société civile

Bien que n'étant pas directement ou même indirectement impliquées dans l'exploration-production de pétrole et de gaz au Sénégal, d'autres entités y jouent pourtant un rôle important, notamment dans les mécanismes de transparence. Il s'agit, entre autres, de :

La Banque Mondiale

La Banque Mondiale est une agence spécialisée de l'Organisation des Nations Unies (ONU). Elle regroupe diverses institutions financières d'envergure et elle fournit des prêts, de l'aide ou du conseil aux pays en développement. Pour ce qui est du pétrole et du gaz sénégalais, la Banque Mondiale, à travers une de ses institutions, l'IDA, a signé en juillet 2017 un accord avec l'État du Sénégal pour que celui-ci bénéficie d'un prêt échelonné d'un montant global de 29 millions de dollars. Ce prêt finance l'appui aux négociations des projets gaziers et le renforcement des capacités institutionnelles de l'État du Sénégal.[1] Ce renforcement de capacités consiste en une assistance technique et de la formation destinée à Petrosen, au CN-ITIE, au COS-PETROGAZ et aux différents ministères liés au secteur pétrolier et gazier.

Sous la supervision de la Banque Mondiale et du ministère de l'Economie et des Finances, ce prêt financera le recrutement de consultants, de sociétés spécialisées dans l'évaluation des réserves, de cabinets de juristes, la formation d'agents ministériels etc.[2] Il est également prévu que ce prêt finance la vulgarisation de la problématique pétrolière et gazière auprès des populations. L'exécution est, en principe, effectuée par le GES-PETROGAZ, interface opérationnelle entre le COS-PETROGAZ et le ministère en charge de l'Energie ou du Pétrole.

---

[1] Voir document officiel sur le site web de la Banque Mondiale : http://documents.worldbank.org/curated/en/519521501103725735/pdf/ITK425962-201706261713.pdf

[2] Voir document officiel mentionnant les objets et dates clés sur : http://documents.worldbank.org/curated/en/670511508247184226/pdf/Plan-Archive-1.pdf

Initiative pour la transparence des industries extractives (ITIE)

Organisme international à l'influence grandissante depuis sa création en 2002, l'ITIE propose une norme à laquelle le Sénégal a volontairement décidé d'adhérer en 2013. Cela a conduit à la mise en place du CN-ITIE sénégalais dont l'organe principal est un groupe multipartite regroupant des ministères, des compagnies minières et pétrolières, la presse et la société civile.

La société civile

Vocable qui regroupe l'ensemble des citoyens et une grande diversité d'acteurs organisés, la société civile joue un rôle grandissant dans l'information et la transparence dans les secteurs minier et pétrolier depuis le début des années 2000. Au Sénégal, la société civile regroupe plusieurs associations, personnalités, groupes et organisations non gouvernementales (ONG). Parmi ces organisations qui prennent position, émettent des avis, formulent des propositions ou interviennent de manière indirecte sur la question pétrolière et gazière, on peut citer :

- Oxfam Sénégal
- Le forum civil
- Publish what you pay (PWYP) Sénégal
- OSIWA (Open Society Initiative for West Africa)
- ONG 3D (Démocratie, droits humains et développement local)
- ASDEA : Association sénégalaise pour le développement de l'énergie en Afrique

La presse sénégalaise, relais essentiel d'informations auprès des populations, joue un rôle important dans la vulgarisation des concepts de la législation pétrolière et plus largement de l'amont pétrolier. En plus des nombreux articles de qualité variable déjà produits depuis l'annonce des découvertes en 2014, elle contribue également à la diffusion des rapports officiels du CN-ITIE. Enfin, elle donne écho aux prises de position ou propositions des organisations de la société civile et pourrait, à travers le journalisme d'investigation, diffuser des informations inconnues du grand public ou vérifier les déclarations officielles de l'État et des compagnies.

Ainsi, à travers cette revue, l'on s'aperçoit que le Sénégal abrite une multitude d'acteurs privés, étatiques, internationaux et de la société civile, qui interviennent, directement ou indirectement dans l'amont pétrolier. Certains d'entre eux investissent, d'autres régulent, quelques-uns surveillent, tandis que d'autres bénéficieront des retombées des prochaines productions de pétrole et de gaz. La pierre angulaire de ce secteur, celle qui régit les relations entre ses principaux acteurs, reste la législation pétrolière. C'est elle qui organise, arbitre et anticipe les relations entre l'État du Sénégal et les compagnies pétrolières. C'est sous les dispositions de la législation pétrolière adoptée en 1998 qu'ont été signés les contrats avec les compagnies pétrolières qui ont découvert du pétrole au large de Sangomar et du gaz au large de Cayar et de Saint Louis. Les deux chapitres suivants sont consacrés d'une part à l'étude simplifiée de cette législation et d'autre part à la présentation technique et économique des découvertes susnommées.

Chapitre 4 : Les acteurs de l'amont pétrolier au Sénégal

Ce qu'il faut retenir

✓ L'amont pétrolier, c'est-à-dire les activités d'exploration-production, est un espace où interviennent divers acteurs officiels et officieux qui peuvent être privés, publics ou associatifs.

✓ Les activités d'exploration-production se déroulent sur les blocs pétroliers où les principaux acteurs privés, en l'occurrence les compagnies pétrolières internationales, s'associent à Petrosen après avoir bénéficié de contrats pétroliers validés par l'État.

✓ Les principaux acteurs étatiques sont le Président de la République, le ministère en charge de l'Energie ou du Pétrole, Petrosen, la Direction des hydrocarbures, le ministère en charge de l'Economie et des Finances, le COS-PETROGAZ et le CN-ITIE. D'autres acteurs comme la SENELEC et la SAR bénéficient de la production de pétrole et de gaz.

✓ La Banque Mondiale est la principale organisation internationale qui intervient dans l'amont pétrolier au Sénégal. Elle finance le gouvernement sénégalais pour l'appuyer dans son renforcement de capacités techniques, juridiques et administratives. L'ITIE joue également un rôle important sur les questions de transparence.

✓ Les principaux acteurs de la société civile sont les ONG locales et internationales, la presse nationale, les populations. Leur principal cheval de bataille reste la transparence.

✓ C'est la législation pétrolière qui régit les relations entre les acteurs officiels que sont les compagnies pétrolières internationales et les acteurs étatiques.

Chapitre 5 : La législation pétrolière au Sénégal

Pour essayer de trouver du pétrole ou du gaz dans son sous-sol, un État fait souvent appel à des compagnies pétrolières privées, nationales ou internationales. Ces dernières, en raison de leurs capacités techniques réelles ou supposées et de leur relatif accès aux marchés financiers, sont les plus sollicitées par les pays non-producteurs comme le Sénégal. Mais en général, comme le relèvent Nadine Bret-Rouzeau et Jean-Pierre Favennec[1] ainsi que Kirsten Bindemann[2], les intérêts des États sont rarement alignés avec ceux des compagnies internationales. En effet :

L'État souhaite :

- Attirer, à travers des incitations fiscales notamment, les compagnies internationales qui assumeront seules les risques liés à l'exploration ;

- Réduire le temps d'occupation des blocs pétroliers pour encourager l'arrivée des compagnies et avoir une meilleure connaissance de son sous-sol ;

- Progressivement devenir autonome pour l'exploration et la production du pétrole et du gaz sur leur territoire, en onshore ou en offshore ;

- S'assurer de percevoir des revenus réguliers sur le long terme ;

- Conserver en permanence une part majoritaire de la rente pétrolière ;

- Surveiller étroitement les opérations pétrolières menées par les compagnies internationales.

---

[1] BRET-ROUZEAU, Nadine et Jean-Pierre FAVENNEC (2011). *Recherche et production du pétrole et du gaz : réserves, coûts et contrats*, 2nde édition, Paris, Editions Technip, p.179-187.
[2] BINDEMANN, Kirsten (1999). *Production-sharing agreements: an economic study*. WPM25, Oxford, Oxford Institute for energy studies.

À l'inverse, les compagnies pétrolières internationales veulent :

- Conserver le plus longtemps des droits d'exploration sur les blocs pétroliers qui leur ont été octroyés pour y faire de l'exploration ;

- Réduire les dépenses d'exploration, développement et production ;

- En cas de découverte commerciale, payer le moins de taxes possibles ;

- Disposer de réserves d'hydrocarbures et les renouveler régulièrement pour garder une attractivité économique auprès des investisseurs et augmenter leur valeur sur les marchés boursiers internationaux ;

- Récupérer rapidement les investissements qu'elles ont effectués ;

- Garder leur avance technologique pour être sollicitées par les États.

Malgré ce choc des ambitions et cette divergence des objectifs sur certains points, les États et les compagnies pétrolières internationales ont un besoin mutuel de coopérer. Ils sont ainsi obligés de trouver un terrain d'entente. Celui-ci est d'ordre juridique et il est brossé par l'État à travers une législation pétrolière qui fixe les droits et obligations de chacune des parties durant les phases d'exploration, de développement et de production. L'objectif d'une législation pétrolière est d'organiser le partage de la rente pétrolière entre les compagnies pétrolières et l'État. La rente pétrolière est, de manière simplifiée, l'ensemble des recettes tirées de l'exploitation du pétrole ou du gaz, diminuées des dépenses effectuées pour découvrir et produire ces ressources.

Au Sénégal, la législation pétrolière est composée par un Code pétrolier et son décret d'application adoptés en 1998. Ce Code cherchait, selon ses propres termes, à « offrir aux acteurs potentiels de l'industrie pétrolière, des conditions attrayantes et susceptibles de favoriser le développement des investissements pétroliers d'exploration ou de production »[1]. Ainsi, avec les découvertes au large de Sangomar, Saint-

---

[1] « Exposé des motifs » dans *LOI 98-05 du 8 janvier 1998 portant CODE PETROLIER* (1998), p.1-2.

Louis et Cayar, le Code pétrolier a rempli l'objectif d'attractivité qu'il s'était fixé en 1998.

À ce Code pétrolier et son décret d'application, s'ajoute un contrat type, qui servira de base pour établir les contrats qui lieront l'État aux compagnies pétrolières. Les termes généraux de ce contrat sont fixés par le Code pétrolier de 1998, d'autres clauses plus spécifiques sont négociées au cas par cas et pour chaque contrat.

Il est courant que plusieurs compagnies pétrolières s'associent pour supporter les risques et les dépenses collectivement. Elles sont alors liées par un type de contrat particulier : l'accord d'association. Celui-ci organise les relations financières, techniques et juridiques entre les compagnies.

C'est l'ensemble de ces textes, contrats et accords qui seront étudiés dans ce chapitre dont la relecture sera sans doute nécessaire pour le lecteur qui découvre la législation pétrolière. Par ailleurs, tous les détails de cette législation ne figurent pas dans cette partie, seuls les faits les plus importants ont été conservés afin de ne pas surcharger la lecture.

5.1 - Le Code pétrolier sénégalais

C'est après une longue période de disette dans l'exploration, notamment en raison de l'abondance d'hydrocarbures sur le marché international et des prix bas consécutifs au contre-choc pétrolier de 1986, que l'État du Sénégal a choisi d'adopter, en 1998, un nouveau Code pétrolier en remplacement de celui de 1986. Le maintien de prix bas du baril de pétrole sur une longue période n'incite pas les compagnies pétrolières à investir dans des activités d'exploration. De plus, la recherche et développement en géophysique (sismique réflexion tridimensionnelle), bien qu'en progrès dans les années 1980 et 1990, n'était pas encore arrivée à maturité pour diminuer nettement les risques liés à l'exploration dans les zones prometteuses mais peu connues comme pouvait l'être l'offshore sénégalais. Tous ces facteurs incitèrent les compagnies pétrolières internationales à recentrer leur activité sur l'exploration de zones déjà connues (Moyen-Orient, Golfe de Guinée) et le développement de gisements déjà découverts. Conscient de son potentiel pétrolier et gazier, confirmé depuis les années 1960 par quelques indices issus de forages mais aussi par une grande découverte non commerciale au large de la Casamance en 1967 et le petit gisement gazier de Diamniadio en 1987, l'État du Sénégal décida donc d'adopter un Code pétrolier attractif pour séduire les compagnies pétrolières internationales et relancer l'exploration.

Présentation du Code pétrolier sénégalais

Le Code pétrolier sénégalais est une loi qui fixe les orientations globales dans l'amont pétrolier sénégalais, c'est-à-dire dans l'exploration, la production et le transport jusqu'au point de vente. Il ne traite donc pas des activités relatives au raffinage et à la distribution des produits pétroliers qui constituent l'aval pétrolier. Il n'aborde pas non plus le traitement du gaz naturel et notamment des opérations de liquéfaction de ce gaz. Le Code pétrolier est constitué d'un exposé des motifs et de 71 articles regroupés par grappe en 14 chapitres. Chaque chapitre traite d'un aspect particulier lié aux conditions fiscales, techniques ou administratives concernant l'exploration, la production et le transport des hydrocarbures.

Aspects généraux

Le Code consacre explicitement la souveraineté de l'État sénégalais sur les ressources pétrolières et gazières contenues dans son sous-sol (article 3). Ainsi c'est l'État, par l'intermédiaire du ministère en charge de l'Energie ou du Pétrole, qui délivre les autorisations d'exploration puis éventuellement d'exploitation aux compagnies pétrolières. Aucun sénégalais ne peut, même s'il vit sur un (potentiel) gisement pétrolier ou gazier, autoriser une compagnie à venir l'explorer ou l'exploiter. Cela relève de la stricte prérogative de l'État. Celui-ci, pour des raisons pratiques et pour ne pas dépendre d'une seule compagnie pétrolière, divise son bassin sédimentaire en périmètres d'intérêt : les blocs pétroliers (article 5 du décret) qui ont été présentés au chapitre 4. Ces blocs sont souvent nommés en combinant le nom d'une zone naturelle (Sangomar, Cayar) ou d'une région voisine (Rufisque, Saint-Louis) avec leur localisation sur la terre ferme (onshore) ou en mer (offshore). On distingue d'ailleurs des blocs situés en offshore peu profond (« shallow ») des blocs situés en offshore profond (« deep ou profond »). Exemples : « Sangomar offshore profond » ou « Saloum onshore ».

C'est sur ces blocs pétroliers que sont délivrés les autorisations de recherche et éventuellement de production par l'État aux compagnies pétrolières. Ces autorisations sont délivrées sous forme de contrats pétroliers (article 5). Ceux-ci peuvent être des permis de recherche, des contrats de concession (appelés « conventions ») ou des contrats de recherche et de partage de production (CRPP). C'est cette dernière forme de contrat, sur laquelle nous reviendrons plus en détail, que l'État sénégalais utilise systématiquement lorsqu'il signe un accord avec les compagnies pétrolières. Le Code pétrolier sénégalais impose aux compagnies, dans le cadre des contrats de partage de production, de travailler avec Petrosen (article 7). Cela permet à l'État de présenter aux compagnies pétrolières internationales un interlocuteur fiable, ayant un bagage technique suffisant qui lui permet d'être un partenaire des compagnies et de représenter les intérêts de l'État dans ces associations.

Aspects fiscaux

Sur le plan fiscal, le Code pétrolier sénégalais de 1998 est, comparativement à beaucoup d'autres lois pétrolières, plutôt généreux[1], notamment en ce qui concerne le partage de la rente pétrolière, sur lequel nous reviendrons. Il contient par ailleurs des dispositions fiscales courantes dans l'industrie pétrolière comme l'exonération totale en phase d'exploration[2]. Ce type d'exonération existe aussi dans le Code minier sénégalais et s'explique notamment par le fait que la recherche de gisements géologiques à caractère commercial nécessite des investissements importants et demeure très hypothétique. Leur découverte reste plutôt l'exception que la règle et ce, quels que puissent être les indices, études ou dispositifs technologiques utilisés pour essayer de les localiser. Le Sénégal et ses compagnies pétrolières partenaires ont très souvent, pour ne pas dire toujours, connu des

---

[1] L'attractivité fiscale du Code pétrolier sénégalais est confirmée par les interventions des dirigeants des compagnies pétrolières internationales opérant au Sénégal et par des documents officiels destinés à leurs actionnaires. Voir *FAR Annual General Meeting* du 29 mai 2017 sur www.far.com.au

[2] Cette exonération porte sur les opérations pétrolières et les cessions de participations. Cependant, cette interprétation de l'article 48 du Code pétrolier de 1998 et de l'article 722 du CGI, notamment sur les cessions de participations, a été contestée par des spécialistes sénégalais de la fiscalité comme M. Cheikh Gueye.

échecs en phase d'exploration. En effet, de 1952 à 2014, véritable « annus mirabilis »[1] de l'exploration au Sénégal, près de 170 forages ont été réalisés dans le bassin sédimentaire national, en onshore ou en offshore. Sur ces 170 forages, tous réalisés après des études géophysiques sérieuses, seule une dizaine a révélé des indices d'hydrocarbures ou des découvertes. Ce qui donne un pourcentage de « réussite » avoisinant les 9 % et qui serait encore plus faible si l'on ne considérait que les découvertes commerciales.

5.2 - Les contrats pétroliers

Partout dans le monde, sauf aux États-Unis où le propriétaire privé du sol est également le propriétaire du sous-sol, les compagnies pétrolières doivent d'abord signer des contrats pétroliers avec les États afin de pouvoir rechercher et éventuellement produire des hydrocarbures sur le territoire (onshore ou offshore). Au Sénégal, la législation pétrolière de 1998 prévoit deux principaux régimes sous lesquels sont signés ces contrats :

- Le régime de concession
- Le régime de partage de production

Le régime de concession permet à un État d'octroyer des titres miniers à un concessionnaire qui recherche puis, en cas de découverte, exploite le pétrole ou le gaz dans le périmètre qui lui est octroyé. Ces titres miniers sont le permis de recherche et la concession d'exploitation. Ils font du concessionnaire le propriétaire des hydrocarbures produits. L'État se rémunère alors par des taxes sur la production, taxes que sont la redevance et la taxe pétrolière spéciale, ainsi que par l'impôt sur les bénéfices.

---

[1] L'expression « annus mirabilis » d'origine latine signifie « année miraculeuse » ou « année merveilleuse ». De nos jours, elle est souvent employée pour désigner l'année 1905, « année miraculeuse » où le physicien allemand Albert Einstein publia quatre articles scientifiques révolutionnaires sur l'atome, l'espace-temps, l'énergie et la nature de la lumière. Celui-ci lui vaudra le prix Nobel de Physique en 1921.

Le régime de partage de production est quant à lui un régime où l'État reste le propriétaire des hydrocarbures qui sont produits et en partage une partie avec la compagnie pétrolière qui assume les risques d'exploration. Celle-ci signe un contrat de recherche et de partage de production (CRPP), qui comprend une phase de recherche et une phase d'exploitation.

Nous allons présenter les dispositions de la loi sénégalaise concernant ces deux régimes, avec un focus particulier sur celui de partage de production. Il présente sur certains aspects, quelques similitudes avec la concession d'exploitation et sa phase de recherche est telle que définie par le permis de recherche.

5.2.1 - Le régime de concession

A - Le permis de recherche

Le permis de recherche est un titre minier qui donne droit à une autorisation exclusive d'exploration sur un bloc pétrolier ou périmètre de recherche. Ces autorisations sont limitées en nombre (trois périodes de recherche au maximum), en durée et en surface selon les modalités suivantes définies par le Code pétrolier de 1998 et son décret d'application :

- La première période de recherche dure 4 ans au maximum.
- La deuxième période de recherche dure 3 ans au maximum.
- La troisième période de recherche[1] dure 3 ans au maximum.
- Chaque période de recherche peut faire l'objet d'extension via des arrêtés ministériels, notamment en cas d'opérations en cours.
- Si le titulaire ne respecte pas ses engagements de travaux durant une période de recherche, il ne peut pas passer à la période suivante. Dans le cas où il n'exécute pas ces travaux, il doit payer une garantie équivalente à leur valeur prévue dans le contrat.
- Lorsqu'il passe d'une période de recherche à une autre, le contractant doit rendre à l'État, une fraction de la surface du bloc pétrolier. En

---

[1] La deuxième et la troisième période de recherche sont également appelées première période de renouvellement et deuxième période de renouvellement.

général, le contractant rend 20 à 30 % de la surface initiale à la fin de la période initiale ainsi qu'à la fin de la deuxième période. À la fin de la troisième période, si aucune découverte n'a été faite, il rend ce qu'il restait de la zone initiale et se désengage.

La phase de recherche est risquée pour les compagnies pétrolières et nécessite des investissements importants. Chaque compagnie soumet en effet un programme de travaux où il s'engage, durant une période de recherches, à exécuter des campagnes sismiques ainsi qu'un ou plusieurs forages d'exploration. Ces engagements de travaux sont généralement de l'ordre de quelques millions à quelques dizaines de millions de dollars en phase initiale de recherche et varient selon l'environnement (onshore/offshore profond ou peu profond).

Les dépenses obligatoires du titulaire d'un permis de recherche

Le titulaire du permis de recherche doit acheter des données sismiques chez Petrosen qui est son partenaire, mais qui conserve également la banque de données pétrolières du Sénégal pour le compte de l'État. Ces données sismiques coûtent en général quelques milliers de dollars.

Le titulaire du permis de recherche doit également payer des frais d'appui à la promotion du domaine minier sénégalais et à la formation du personnel de Petrosen et du ministère en charge de l'Energie ou du Pétrole. Ces frais sont généralement de 100 000 à 300 000 dollars par an en phase de recherche et peuvent monter jusqu'à 500 000 dollars par an en phase d'exploitation.

Outre ces frais d'appui à la formation, le titulaire du permis de recherche doit payer une redevance superficiaire. Comme son nom l'indique, cette redevance est liée à la superficie, à la surface totale, du bloc pétrolier. Cette redevance oscille entre 5 et 15 dollars par kilomètre carré et par an selon les périodes de recherche. La redevance superficiaire peut donc valoir quelques milliers à dizaines de milliers de dollars par an.

B - La concession d'exploitation

Une fois que du pétrole ou du gaz est découvert en quantité commerciale, il doit être exploité. Dans le régime de concession, cette phase de production est régie par une concession d'exploitation. Bien que rarement utilisée jusqu'ici, pour ne pas dire jamais, par l'État sénégalais, la concession d'exploitation est prévue par le Code pétrolier de 1998. Grâce à cette concession, l'État loue un bloc pétrolier à un concessionnaire qui devient propriétaire des hydrocarbures produits en tête de puits[1]. Cette concession dure 25 ans, peut atteindre au maximum une durée de 45 ans. L'État gagne des revenus dans une concession grâce à :

- l'impôt sur les sociétés (IS) qui correspond à 30 % des bénéfices nets de l'entreprise et qui est fixé par le Code général des impôts (CGI).

- La redevance qui correspond à un pourcentage de la production totale.

Il est important de noter que la valeur de cette redevance varie selon la nature de la production. S'il s'agit d'une production de pétrole offshore, la redevance peut osciller entre 2 et 8 %. S'il s'agit d'une production de pétrole onshore, la redevance vaudra entre 2 et 10 %. Enfin s'il s'agit d'une production de gaz, en onshore ou en offshore, la redevance se situera entre 2 et 6 %. Pourquoi de telles différences pour déterminer la redevance ? L'idée, pour les rédacteurs du Code pétrolier, est de laisser une marge de manœuvre en vue des négociations entre l'État et le (futur) bénéficiaire d'une concession. La valeur finale de la redevance est fixée dans la convention signée entre l'État et le concessionnaire.

Le contrat de concession ou convention est plutôt utilisé dans les bassins matures, où l'exploitation de pétrole est déjà bien établie. Le régime de concession, même s'il partage quelques ressemblances avec le régime de partage de production sur les obligations du titulaire, diffère de ce dernier sur des points fondamentaux comme la propriété des hydrocarbures ou encore la redevance.

---

[1] L'expression « en tête de puits » signifie qu'au moment de leur sortie au niveau du puits, les hydrocarbures n'appartiennent plus à l'État mais au concessionnaire.

5.2.2 - Le régime de partage de production

C'est le régime par excellence sous lequel l'État sénégalais contracte avec des compagnies pétrolières. Comme son nom l'indique, c'est un régime qui permet de partager la production de pétrole ou de gaz entre l'État et le bénéficiaire d'un contrat de recherche et de partage de production (CRPP).

Le contrat de recherche et partage de production (CRPP)

Le CRPP permet aux compagnies internationales et à l'État de verrouiller dès le départ, avant toute découverte, les termes du contrat, de la recherche jusqu'à la production. Cela permet également à l'État de ne pas investir dans l'activité risquée que constitue l'exploration tout en restant le propriétaire des éventuels hydrocarbures qui pourraient être découverts.

Le CRPP en phase de recherche

Une fois négocié selon les règles établies par le Code pétrolier mais avec certains aspects qui sont négociés au cas par cas, le contrat de recherche et de partage de production (CRPP) est signé entre l'État sénégalais et une compagnie pétrolière internationale. L'association Petrosen + compagnie pétrolière constitue aux yeux de l'État un consortium qui est désigné par le terme de « contractant ». Au sein du contractant, durant la phase de recherche, la compagnie pétrolière internationale détient 90 % de participation : c'est son « working interest ». Elle est également désignée « opérateur » (l'équivalent d'un capitaine d'équipe), engage toutes les dépenses d'exploration et d'évaluation alors que Petrosen ne dépense rien. C'est pour cela que les 10 % de participation de Petrosen, en phase de recherche, sont désignés par le terme générique de « carried-interest », c'est-à-dire qu'ils sont supportés, pris en charge par la compagnie pétrolière internationale partenaire.

Il arrive souvent que le contractant soit composé non pas d'une compagnie pétrolière associée à Petrosen, mais de plusieurs compagnies. En effet, la compagnie pétrolière internationale qui s'était initialement associée avec Petrosen peut décider de céder une partie ou la totalité de ses 90 % de participation. Le nouvel ou les nouveaux entrant(s), s'engage(nt) alors à respecter et à financer les travaux d'exploration initialement prévus par le CRPP liant le contractant initial et l'État. A ces travaux obligatoires initiaux, le néo-entrant ajoute très souvent de nouveaux travaux qu'il s'engage à réaliser (campagne sismique, forages) et annonce leur coût global.

Le CRPP est parfois appelé un contrat de « services à risques ». Il porte ce nom car le contractant est sélectionné par l'État pour une prestation de services, à savoir explorer et éventuellement exploiter du pétrole ou du gaz. Ces services sont cependant « à risques » car ni l'État, ni son représentant au sein du contractant, en l'occurrence Petrosen, n'assument financièrement le risque d'exploration. Celui-ci, comme nous l'avons vu dans les pages précédentes reste réel et élevé dans une zone relativement peu explorée comme l'était le bassin sédimentaire sénégalais. D'un point de vue strict, il existe une différence entre un contrat de services à risques (CRS) et un contrat recherche et de partage de production (CRPP). Dans un CRS, la compagnie est rémunérée en argent alors que dans un CRPP, elle peut toucher sa rémunération en nature ou en argent. Cette différence mineure fait qu'ils sont souvent considérés comme équivalents.

Le CRPP signé entre l'État du Sénégal et le contractant ne devient valable que s'il est approuvé par un décret signé par le Président de la République et contresigné par son Premier Ministre (article 3 du décret d'application). De tels décrets sont publiés au journal officiel[1] (articles 17 et 34) et reprennent les termes principaux du contrat pétrolier (coordonnées géographiques du bloc attribué, « working interest » de la compagnie pétrolière, « carried interest » de Petrosen, montants des engagements de travaux, part de l'État dans la production etc.). En amont de la signature des contrats pétroliers entre l'État sénégalais et le contractant, le ministère en charge de l'Energie ou du Pétrole ainsi que celui en charge de l'Economie et des Finances doivent effectuer une vérification des capacités techniques et financières du contractant et en particulier celles des compagnies pétrolières internationales (article 8).

---

[1] Site web du journal officiel sénégalais : www.jo.gouv.sn

Le CRPP en phase d'exploitation

Dans le cas où des hydrocarbures ont été découverts, il faut évaluer le gisement pour en garantir le caractère commercial des quantités découvertes. Suite à l'évaluation, une autorisation d'exploitation est délivrée par l'État au contractant qui peut alors entamer le développement puis commencer à produire.

Le CRPP fixe les modalités de recherche et de partage de production entre l'État et le contractant durant la période d'exploitation. Celle-ci peut durer de 25 ans à 45 ans au maximum. Elle permet à l'État, qui reste propriétaire des hydrocarbures produits, de payer les services du contractant. Le CRPP organise donc les aspects économiques et fiscaux mais aussi les relations techniques et administratives entre l'État et le contractant. L'ensemble de ces aspects et relations est développé ci-après.

Aspects économiques et fiscaux d'un CRPP

Alors qu'en phase de recherche, la part de Petrosen dans le contractant (son « carried interest ») s'élève à 10 %, celle-ci peut grimper jusqu'à 20 % lorsqu'arrive la phase d'exploitation. Pour faire passer sa part de 10 % à 20 %, Petrosen doit racheter auprès de son ou ses partenaire(s) dans le contractant les 10 % de parts supplémentaires.

Après l'exécution du développement, la production du pétrole ou du gaz démarre et doit faire l'objet d'un partage. Avant de procéder à un tel partage, une partie de la production est réservée au contractant afin qu'il procède au remboursement des investissements d'exploration et de développement. Cette partie consacrée au remboursement est appelée le « Cost Oil » et peut correspondre jusqu'à 75 % de la production totale. Cette valeur maximale du « Cost Oil » est appelée le « Cost stop », elle constitue une sorte de plafond qui est négocié pour chaque CRPP. La valeur du « Cost Oil » en volume est élevée en début de production car les lourds investissements d'exploration et de développement sont recouvrés. Sa valeur décroit au fur et à mesure de la production car il y a de moins en moins de remboursements à faire. Le restant de la production après prélèvement du « Cost Oil » est appelé le « Profit Oil ». C'est lui qui est partagé entre l'État d'une part et le contractant d'autre part.

En général, plus la production est importante, plus la part de l'État va augmenter (voir encadré « Le mécanisme de partage du Profit Oil »). L'État se réserve toujours le droit de récupérer sa part du « Profit Oil » en argent ou en nature, c'est-à-dire en barils de pétrole ou en mètres cubes de gaz naturel.

Le mécanisme de partage du « Profit Oil »

Le contrat de partage de production doit son nom au partage du « Profit Oil » entre l'État et le contractant. Le Profit Oil (PO) est égal à ce qu'il reste de la production totale (PT) après déduction du « Cost Oil » (CO).

Profit Oil (PO) = Production Totale (PT) - Cost Oil (CO)

Au Sénégal, le « Profit Oil » est partagé entre l'État et le contractant selon le volume quotidien de la production totale (PT). Exemple :

Production totale (PT) (barils/jour)	Part État	Part contractant
Inférieur à 30 000	35 %	65 %
Entre 30001 et 60000	40 %	60 %
Entre 60001 et 90000	50 %	50 %
Entre 90001 et 120000	54 %	46 %
Supérieur à 120 000	58 %	42 %

Tableau 4 : Partage de la production à Cayar offshore profond.

Le pourcentage de chaque partie dans le « Profit Oil » en fonction de la production totale est négocié dans chaque CRPP signé entre l'État et un contractant. Cette flexibilité offre une bonne marge de négociation mais peut entrainer des différences très importantes d'un bloc à l'autre.

Cas de la fiscalité

Une fois que la compagnie est rémunérée pour ses services grâce à sa part dans le « Profit Oil », elle doit ensuite payer l'impôt sur les sociétés (IS) qui correspond, depuis la réforme du Code général des impôts de décembre 2012, à 30 % de ses bénéfices nets.

En résumé, dans un régime de partage de production, l'État du Sénégal gagne des revenus dans un CRPP via trois principaux canaux :

1 - Sa part dans le « Profit Oil »

2 - L'impôt sur les sociétés (IS) payée par le contractant

3 - La part de Petrosen (dont la comptabilité diffère de celle de l'État, mais qui est détenue à 100 % par l'État)

Le calcul des revenus totaux de l'État dans le cadre du CRPP dépend donc de trois paramètres importants : la production totale, le prix du baril et le coût des opérations pétrolières. Ce sont bien eux qui déterminent, de manière directe ou indirecte, la valeur de chacun des trois postes de revenus ci-dessus.

Les frais d'appui à la formation et à la promotion, les redevances superficiaires, les bonus de signature négociés au cas par cas ou encore des travaux de Responsabilité sociétale des entreprises (RSE), demeurent « négligeables » lorsque l'on compare leur valeur à celle des trois principales sources de revenus ci-dessus.

Etant donné que le prix du baril est imprédictible dans les faits[1], un des enjeux clés pour l'État du Sénégal, tout comme pour le contractant, sera de maximiser la production de pétrole ou de gaz et d'en surveiller avec minutie les volumes totaux produits et les coûts associés. Ce contrôle technique et comptable des opérations pétrolières est organisé par le CRPP.

---

[1] Les tentatives de prédiction du prix du baril se sont souvent soldées par des échecs, quel que fût le sérieux des agences, institutions et économistes qui s'y sont livrés. Ceci est notamment dû à l'influence de paramètres géopolitiques (ex : conflits au Moyen-Orient) ou à un accroissement soudain de la demande ou de l'offre (ex : pétrole de schiste américain).

Aspects techniques du CRPP

Le CRPP type de 1998, en son article 17, stipule que « les Opérations Pétrolières seront soumises au contrôle de l'État. Ses agents dûment habilités auront le droit de surveiller les Opérations Pétrolières et d'inspecter, à intervalles raisonnables, les installations, équipements, matériels, enregistrements et registres afférents aux Opérations Pétrolières. »

Le contrôle des opérations pétrolières est donc assuré par des agents du ministère en charge de l'Energie ou du Pétrole qui sont habilités à cet effet. Avant leur arrivée sur le site de production, ces agents doivent prévenir le contractant qui doit mettre à leur disposition les moyens nécessaires (hébergement, données etc.) à la bonne exécution de ce contrôle.

Le contrôle des opérations pétrolières est un enjeu majeur car il permet de vérifier la sécurité du matériel de production, le respect des mesures de protection de l'environnement et des volumes de production. Nous avons en effet vu dans les pages précédentes qu'au Sénégal, la production totale était, sous la législation pétrolière de 1998, le facteur décisif qui déterminait le partage de la production entre l'État et le contractant. Des moyens humains suffisants devront y être consacrés.

Aspects environnementaux du CRPP

Ils sont traités par les articles 3 et 4 du CRPP type. Plusieurs éléments remarquables liés à l'environnement y sont évoqués. Ainsi :

- Le contractant est tenu de souscrire à des assurances de dommage à la propriété et à l'environnement.

- Le contractant a l'obligation de présenter une étude d'impact environnemental et social (EIES) qui évaluera les potentielles conséquences des opérations pétrolières sur les écosystèmes et les communautés. Il doit également présenter un plan d'abandon et de réhabilitation du site de production en fin de vie.

- Il doit en outre indemniser l'État et toute personne impactée par les éventuelles conséquences écologiques des opérations pétrolières.

- L'eau utilisée dans les opérations pétrolières ou initialement mélangée aux hydrocarbures doit être traitée avant son éventuel rejet dans la nature afin d'avoir un impact minimal sur les écosystèmes marins.

- Le gaz naturel associé aux gisements de pétrole peut parfois être en quantité insuffisante pour justifier des investissements permettant de l'exploiter. L'État sénégalais peut alors autoriser, via le Ministre en charge de l'Energie ou du Pétrole, que ce gaz soit brûlé. On appelle cela le torchage ou « flaring ». Cette pratique a cependant tendance à être de plus en plus interdite à l'échelle internationale en raison des pluies acides et des émissions non utiles de gaz à effet de serre qu'elle génère.

- Les boues de forage utilisées pour remonter les débris rocheux du fond des puits ne doivent pas polluer les nappes aquifères, ou dans le cas d'un gisement offshore, être rejetées dans l'océan.

Aspects administratifs du CRPP

Les relations entre l'administration et les compagnies pétrolières existent dès la demande d'octroi d'un CRPP. Ainsi, la ou les compagnie(s) souhaitant opérer dans un bloc pétrolier du domaine minier sénégalais doit/doivent adresser une demande en trois exemplaires au Ministre en charge de l'Energie ou du Pétrole. Cette demande doit contenir entre autres[1] :

- Le nom, la forme juridique et le siège social de la compagnie
- Ses statuts, son dernier bilan et son dernier rapport annuels
- Les justifications de ses capacités techniques et financières pour s'assurer qu'elle est capable d'engager les travaux d'exploration.
- Les noms et prénoms des dirigeants et du représentant légal de la compagnie au Sénégal si la filiale locale existe déjà juridiquement.
- La durée, le programme et le montant des travaux qui seront réalisés par la compagnie.

Il peut arriver que l'octroi d'un CRPP se fasse non pas via une demande, mais par l'intermédiaire d'un appel d'offres. Bien que rare, cette procédure est prévue par la législation pétrolière sénégalaise.

---

[1] La liste complète des documents requis pour effectuer une demande d'octroi de CRPP est donnée par l'article 8 du décret 98-810 d'application de la loi 98-05 du 08 janvier 1998 portant Code pétrolier.

Lorsqu'elle est mise en œuvre, la ou les compagnie(s) candidates doit/doivent remplir les conditions de l'appel d'offres et formuler leur demande selon les modalités définies par l'appel d'offres.

Si un CRPP est conclu avec contractant, puis confirmé par un décret présidentiel, le ministère en charge de l'Energie ou du Pétrole inscrit ce contrat dans un registre spécial qui est actualisé en cas de renouvellement, prorogation, mise à jour etc.

Après son octroi et outre les aspects économiques, techniques et environnementaux qu'il traite, le CRPP organise également les relations entre l'administration et le contractant. Celui-ci a ainsi plusieurs obligations administratives dont les plus remarquables sont :

- Soumettre au plus tard 30 jours après la signature du CRPP l'accord d'association qui lie les compagnies pétrolières constituant le contractant.

- Avoir un bureau sur le territoire sénégalais sous l'autorité d'un représentant légal au plus tard trois mois après la signature du CRPP.

- Présenter au ministère en charge de l'Energie ou du Pétrole, un programme annuel de travaux qui liste l'ensemble des opérations pétrolières qui seront effectuées et leurs prix en dollars.

- Envoyer, à Petrosen notamment, des rapports quotidiens d'avancement des forages quand il y en a.

- Envoyer au ministère en charge de l'Energie ou du Pétrole, un rapport trimestriel d'activités ainsi qu'un rapport annuel qui détaille, pour la période concernée, les opérations pétrolières et les dépenses.

- Envoyer au ministère des Finances un rapport trimestriel qui détaille les mouvements de fonds liés aux opérations pétrolières.

- En cas de découverte commerciale, présenter toutes les caractéristiques géologiques du gisement ainsi qu'une estimation des réserves récupérables, prouvées et probables.

Autres aspects du CRPP

Le CRPP, conformément aux dispositions du Code pétrolier de 1998 et de son décret d'application, statue sur plusieurs autres aspects. Parmi ceux-ci, il y a :

- La fourniture prioritaire du marché national en pétrole ou en gaz. En effet, en cas de découverte puis de production, le contractant doit, si l'État le lui demande via le ministère en charge de l'Energie ou du Pétrole, vendre à l'État une partie de sa part dans la production. Cette partie pouvant être vendue à l'État est plafonnée (article 15 du CRPP type). Les prix de vente sont les prix internationaux FOB (cf. chapitre 3).

- Le recrutement et la valorisation des compétences sénégalaises. Le contractant doit, à compétences égales, recruter en priorité du personnel sénégalais. Il doit également faire travailler des entreprises sénégalaises, à niveau de service égal et à prix compétitifs, pour ses besoins en services pétroliers et divers.

En phase de recherche, le recrutement du personnel local se limite souvent à du personnel administratif et de fonctionnement (secrétaire, chauffeur, comptable). Dans les premières phases de l'exploration, les équipes techniques de recherche sont presque exclusivement composées d'expatriés et de personnel support qui reste au niveau des sièges internationaux (Londres, Melbourne, Austin, Paris etc.). Le recrutement de personnel spécialisé local peut devenir significatif en phase de développement et se poursuit durant la phase de production. Les compagnies pétrolières recrutent alors du personnel sénégalais expérimenté qui était expatrié. Elles peuvent aussi recruter et former du personnel sénégalais local. Dans la pratique, c'est souvent un mix de ces deux stratégies qui est opéré.

Le tableau 5 récapitulatif des régimes de partage de production et de concession permet de faire la synthèse des caractéristiques principales des contrats qui lient l'État sénégalais aux compagnies pétrolières dans la législation pétrolière de 1998.

Caractéristiques	**Partage de production**	Concession
Type de contrat	**CRPP**	Convention
Nom de l'exploitant	**Contractant**	Concessionnaire
Propriétaire des hydrocarbures	**État**	Concessionnaire
Durée recherche	**10 ans maximum**	10 ans maximum
Durée exploitation	**45 ans maximum**	45 ans maximum
Part de Petrosen	**Recherche : 10 %** **Exploitation : 20 %** **max**	Recherche : 10 % Exploitation : 20 % max
Redevances	**Non**	Oui, de 2 à 10 %
Cost Oil	**Oui, 75 % maximum**	Non
Profit Oil	**Oui, établi par CRPP et selon la production**	Non
Impôts sur les sociétés (IS)	**30 %**	30 %

Tableau 5 : Tableau comparatif du CRPP et du contrat de concession

B - Les contrats qui lient les compagnies pétrolières entre elles

Alors que l'État du Sénégal utilise des CRPP pour organiser sa relation avec les compagnies pétrolières, celles-ci sont liées entre elles, et à Petrosen, par des accords d'association appelés « Joint operating agreement » (JOA).

L'association, également appelée « joint-venture », concerne souvent Petrosen et une compagnie pétrolière internationale de petite taille (on les appelle « juniors »). Cette compagnie « junior » détient 90 % des parts dans l'association. Malgré les 10 % restants qui reviennent à Petrosen, la compagnie junior va assumer, comme l'indique l'accord d'association, 100 % des dépenses d'exploration. Ces dépenses se résument souvent à une campagne sismique lors de la période initiale de recherche.

La compagnie « junior » va ensuite faire la promotion à l'international de ce bloc pétrolier afin d'attirer des compagnies de taille intermédiaire disposant de meilleures capacités financières. Ces dernières, également appelées « independants », sont en effet plus aptes à assumer le financement d'un forage d'exploration. C'est ce qui s'est passé, avec succès, à Sangomar offshore profond où la « junior » australienne FAR a attiré Cairn Energy ou à Cayar offshore profond et Saint Louis offshore profond avec Kosmos Energy qui a pris le relais de Timis Corporation pour faire un forage.

Enfin, pour financer plusieurs forages d'exploration d'un coup ou entamer le développement d'une découverte importante, la « junior » et l'« independant » peuvent faire appel à une compagnie de plus grande taille, une de celles qui ne sont intéressées que par les gisements ayant généralement un potentiel en « réserves » (2C) qui est supérieur à 500 millions de barils équivalent pétrole. Ces grosses compagnies sont appelées « majors » et se distinguent par des ressources humaines de qualité et abondantes ainsi qu'une importante activité de recherche et développement. Les « majors » ont surtout une grande capacité financière, beaucoup plus importante que celle des « juniors » et des « independants » avec notamment des budgets annuels d'exploration pouvant atteindre plusieurs milliards de dollars ; soit à peu près le même ordre de grandeur que le budget de l'État du Sénégal.

Nous allons maintenant étudier les accords d'association qui organisent les rôles, la comptabilité, les participations et les transactions au sein du contractant. Ces sont également ces accords d'association qui réglementent le transfert des participations des « juniors » jusqu'aux « majors » en passant par les « independants ».

B.1 - L'accord d'association ou Joint Operating Agreement (JOA)

L'accord d'association est un document contractuel qui organise, entre autres, les responsabilités au sein du contractant. Il n'est valable que lorsqu'il est signé par le Ministre en charge de l'Energie ou du Pétrole. Il instaure un comité d'opérations composé des représentants des membres de l'association et désigne l'un d'eux comme opérateur.

Fonctionnement du comité d'opérations

Le comité d'opérations valide les décisions liées aux opérations pétrolières en se basant sur les avis techniques et financiers des équipes spécialisées de chaque compagnie. Après discussion, une décision est adoptée au sein du comité d'opérations si elle est validée par une ou deux compagnie(s) y détenant une majorité qualifiée correspondant à au moins 60 % des parts[1]. Le comité d'opérations est présidé par un représentant de l'opérateur qui est généralement la compagnie qui détient le plus de parts dans l'association. L'opérateur est l'interlocuteur principal de l'État et a pour charge de conduire le programme annuel de travaux dans les limites du budget défini par le comité d'opérations. Les autres membres de l'association sont appelés non-opérateurs.

Droits et obligations de Petrosen

En tant que société nationale représentant technique de l'État au sein de l'association, Petrosen a des droits et des obligations vis-à-vis de ses partenaires que sont les compagnies pétrolières internationales. Le premier des droits de Petrosen est de posséder un « carried interest » de 10 % qui lui permet d'être un membre à part entière de l'association tout en le dispensant de participer aux dépenses liées aux opérations d'exploration et d'évaluation. Ce sont donc les compagnies pétrolières internationales qui supportent la part de Petrosen pendant ces phases incertaines et risquées. Lorsqu'une découverte commerciale est effectuée et qu'une autorisation d'exploitation est octroyée par l'État au contractant, l'accord d'association donne à Petrosen le droit d'augmenter sa participation de 10 à 20 % au maximum. Dans le cas où plusieurs compagnies pétrolières sont présentes au sein du

---

[1] Des exemples d'accords d'association (JOA) et de CRPP sont téléchargeables sur le site de l'ITIE Sénégal : http://itie.sn/contrats-petroliers/

contractant, chacune vend une partie de ses parts pour permettre à Petrosen d'acquérir ces 10 % additionnels. Cette cession éventuelle de parts des compagnies pétrolières internationales est proportionnelle aux parts qu'elles détiennent respectivement dans l'association. Cet accroissement de la participation de Petrosen peut se faire, non pas sur tout un bloc pétrolier, mais au cas par cas sur chaque périmètre d'exploitation, c'est-à-dire chaque gisement découvert dans un bloc.

Exemple : Dans le gisement imaginaire NF situé dans le bloc imaginaire « Foire Offshore profond », Petrosen détient 10 % des parts d'une joint-venture et veut exercer son droit de passer à 20 % des parts car du pétrole y a été découvert. Ses partenaires, imaginaires là aussi, sont Dakar Marine Petroleum (50 % des parts), Azur E&P (25 %) et BCEA Oil (15 %). Pour permettre à Petrosen de racheter 10 % de parts supplémentaires, Dakar Marine Petroleum va céder 5,56 % de ses parts, Azur E&P cédera 2,78 % et BCEA Oil cédera 1,66 %.

Dans cette nouvelle configuration, Petrosen possédera désormais 20 % de participation active dans l'association, contrairement à ses 10 % de « carried interest » durant les phases d'exploration et d'évaluation. Autrement dit, Petrosen devra participer à hauteur de 20% aux dépenses nécessaires pour réaliser les opérations de développement et de production. Ainsi, pour le développement d'un gisement qui coûterait 5 milliards de dollars, Petrosen devra dépenser 1 milliard de dollars, soit 550 milliards de FCFA. Ces dépenses importantes permettront à Petrosen d'obtenir 20 % du « Profit Oil » du contractant.

Droit de préemption

Outre ces 10 % de parts supplémentaires qu'elle peut acheter lors de l'entrée en vigueur d'une autorisation d'exploitation, Petrosen, ou tout autre membre de l'association, dispose d'un droit de préemption. Cela veut dire que si l'un des membres veut céder ses parts, l'accord d'association lui garantit le droit d'être un acquéreur prioritaire des parts qui s'apprêtent à être cédées. Ce droit de préemption doit être exercé dans les 30 jours suivant une offre qui aura été reçue et notifiée à ses partenaires par la compagnie qui souhaite céder ses parts. Même si le droit de préemption privilégie une certaine stabilité au sein de l'association et permet à celui qui l'exercerait d'obtenir une plus grande participation, il n'est pas dans l'intérêt de Petrosen, ni du contribuable sénégalais, d'exercer ce droit en phase de recherche. La raison est simple : le risque géologique d'exploration ne disparait pas lorsqu'une compagnie souhaite se retirer. En effet, ni au moment de l'adoption du Code pétrolier en 1998, ni en 2018, Petrosen n'a vocation à investir dans l'exploration en raison des importants investissements et du risque géologique qui y est associé. Au contraire, durant la phase de recherche, Petrosen a tout intérêt à laisser cette prise de risque à d'autres compagnies, mieux armées d'un point de vue technique et financier, pour augmenter les chances de l'association de trouver du pétrole.

En cas de découverte commerciale confirmée par une évaluation ou durant la production, Petrosen peut exercer son droit de préemption si une compagnie pétrolière membre de l'association souhaite céder ses parts. Cependant, il est rare qu'une compagnie pétrolière se retire une fois que la production démarre. Une telle occasion peut donc se présenter pour Petrosen mais elle reste assez hypothétique. De plus, l'investissement nécessaire pour pouvoir racheter ces parts qui pourraient être cédées n'est pas négligeable. Cela peut se chiffrer en centaines de millions voire en milliards de dollars pour les très grands gisements. Il se peut alors que Petrosen n'ait pas dans sa trésorerie l'argent nécessaire pour exercer son droit de préemption même si l'État pourrait lui apporter les capitaux nécessaires dans les situations présentant un intérêt stratégique majeur pour le Sénégal.

La cession de parts entre compagnies internationales, notamment dans le cas où une « independant » souhaiterait racheter une partie des parts d'une « junior », est régie par des contrats de cession.

B.2 - Les contrats de cession

Les contrats de cession sont des actes de cession (« deed of transfer ») ou des accords de vente et d'achat (« sale and purchase agreement »). Quelle que soit la forme adoptée, ces contrats reviennent sur tous les points importants relatifs à la cession de participation. L'État a un droit de regard sur cette cession. En effet, l'article 56 du Code pétrolier de 1998 dispose que « les titres miniers d'hydrocarbures, les conventions ou les contrats de services sont cessibles et transmissibles, sous réserve d'autorisation préalable, à des personnes possédant les capacités techniques et financières pour mener à bien les opérations pétrolières. »

Le contrat de cession doit indiquer l'identité du cédant et du nouvel entrant, la part qui est cédée par le cédant, le montant d'argent ou d'avantages (« carried interest » en vue d'un forage futur) qu'il récupère dans la transaction, les engagements du nouvel entrant etc. Si l'on se place du point de vue de l'acquéreur, cette opération est un « farm-in » car il devient un nouvel entrant dans le contractant. Si on se place du point de vue du cédant, cette opération est un « farm-out » car il diminue ou cède totalement les parts qu'il possédait au sein du contractant. Ce qui symboliquement ressemble à une sortie.

Ces opérations sont courantes dans le monde pétrolier. Elles s'effectuent sous la supervision de l'administration sénégalaise (ministère en charge de l'Economie et des Finances, ministère en charge de l'Energie ou du Pétrole) et doivent être validées par un arrêté ministériel. Pour les compagnies cotées en bourse, les actes de cession doivent être déclarés à des institutions comme la Security and Exchange Commission (SEC) qui est l'autorité de surveillance boursière des États-Unis d'Amérique.

Durant l'exploration, la prise de participation d'une compagnie dans une association peut se faire avec ou sans apport d'argent. Dans le premier cas, c'est-à-dire avec apport d'argent, la compagnie qui fait un « farm-in » rembourse les frais déjà engagés par la compagnie cédante et la dédommage en cas de prospects intéressants à forer. Les montants en jeu sont de l'ordre de quelques millions de dollars, plus un « carried interest » garanti par la compagnie entrante à la compagnie cédante.

Lorsqu'une compagnie entrante prend des parts dans une association installée dans une zone très risquée à forer (10 à 15 % de chances de succès), elle peut limiter son apport à s'engager à financer un ou plusieurs forage(s) et accorder un « carried interest » pour la compagnie cédante. Celle-ci ne recevra pas d'argent mais n'en déboursera pas non plus pour le futur forage. Au Sénégal, ce type de cession a permis l'arrivée de compagnies comme Cairn Energy et Kosmos Energy.

Le chapitre suivant présente la chronologie et le détail des découvertes de pétrole à Sangomar offshore profond et celles de gaz naturel à Cayar offshore profond et Saint-Louis offshore profond.

Chapitre 5 : La législation pétrolière au Sénégal

Ce qu'il faut retenir

✓ La législation pétrolière au Sénégal est composée d'un Code pétrolier, de son décret d'application et d'un contrat type.

✓ Le régime de partage de production est privilégié par l'État du Sénégal qui signe des contrats de recherche et de partage de production (CRPP) avec un contractant composé de Petrosen et d'une ou plusieurs compagnie(s) pétrolière(s).

✓ Avant la signature du CRPP, le ministère en charge de l'Energie ou du Pétrole et celui en charge de l'Economie et des Finances doivent vérifier les capacités des compagnies. Tout CRPP doit être validé par un décret du Président de la République pour être valable.

✓ Le CRPP organise les relations techniques, administratives, juridiques et fiscales entre l'État et le contractant. Les compagnies au sein du contractant sont liées entre elles par un accord d'association (JOA). Toute cession de participation d'une compagnie (« farm-out ») doit être validée par un arrêté ministériel.

✓ L'État n'investit pas dans l'exploration. Au sein du contractant, ce sont les compagnies pétrolières internationales qui assument le risque d'exploration. Petrosen, avec son « carried interest » de 10 %, ne paie rien durant cette phase mais peut aller jusqu'à 20 % en cas de découverte. L'État reste le propriétaire des hydrocarbures qui sont découverts par le contractant avec qui il partage la production.

✓ Dans un CRPP, la part totale de l'État du Sénégal provient de :
1 - Sa part dans le « Profit Oil » (Production totale – « Cost Oil »)
2 - La part de Petrosen dans le contractant
3 - L'impôt sur les sociétés (IS)

Chapitre 6 : Les découvertes de pétrole et de gaz au Sénégal

6.1 - Les découvertes de pétrole à Sangomar offshore profond

C'est via un communiqué daté du 07 octobre 2014 que la compagnie écossaise Cairn Energy, opérateur du bloc Sangomar Offshore profond, annonça une découverte de pétrole faite grâce au forage d'exploration FAN-1. A peine un mois après l'annonce de cette première découverte, un second communiqué de Cairn Energy annonça une nouvelle découverte, toujours au large de Sangomar, grâce au forage d'exploration SNE-1. Ainsi, le Sénégal et ses partenaires venaient de confirmer deux découvertes de pétrole dans des configurations géologiques distinctes. Aucun puits n'avait jamais été foré dans l'offshore profond sénégalais. Ce sous-chapitre explique et retrace, de manière chronologique, l'historique de ces découvertes, depuis la phase d'entrée des compagnies pétrolières au Sénégal aux dates annoncées du début de la production.

Exploration

C'est en novembre 2004 qu'est approuvé par le décret présidentiel n°2004-1491 le contrat de recherche et de partage de production (CRPP) conclu en juillet 2004 entre l'État du Sénégal et le contractant formé par Petrosen et l'américain Hunt Oil. Ce CRPP porte alors sur trois blocs : ceux de Rufisque offshore, Sangomar offshore et Sangomar offshore profond. Comme dans tout CRPP en période de recherche, Petrosen détient alors 10 % et Hunt Oil, l'opérateur, 90 %.

En mars 2006, la compagnie australienne First Australian Resources (FAR), à la faveur d'une prise de participation (un « farm-in ») partielle, acquiert 30 % de parts auprès de Hunt Oil. Cette cession, approuvée par l'arrêté ministériel n°001706, réorganise alors les participations au sein de l'association de compagnies. Ce qui donne la répartition suivante : Hunt Oil 60 %, FAR 30 %, Petrosen 10 %.

En décembre 2005, la période initiale de recherche est renouvelée par le décret n° 2005-1201. C'est le début de la deuxième période de recherche.

En décembre 2006, l'association Hunt Oil, FAR et Petrosen fait l'acquisition de 2000 kilomètres carrés de sismique 3D. Deux grands systèmes pouvant abriter des pièges à hydrocarbures y sont identifiés : des cônes alluviaux (ou « fan ») et des limites de plateformes carbonatées (ou « shelf eldge »).

En avril 2009, Hunt Oil se retire du Sénégal et cède ses parts à FAR (arrêté ministériel n° 02021). L'association est alors composée par FAR (90 %) et Petrosen (10 %).

En janvier puis en novembre 2009, la deuxième période de recherche bénéficie d'extensions grâce aux arrêtés ministériels n°2009-35 et n° 2009-1330. Ces extensions sont une prorogation de la période initiale de recherche et non un renouvellement de celle-ci.

En décembre 2011, FAR fusionne avec une compagnie australienne opérant au Kenya, Flow Energy.

En février 2012, la troisième période de recherche est accordée à l'association (FAR + Petrosen) via le décret présidentiel n° 2012-243.

En juillet 2013, la compagnie écossaise Cairn Energy via sa filiale locale Capricorn Sénégal, entre dans l'association grâce à un « farm-in » en récupérant 65 % des parts auprès de FAR. Les parts au sein de l'association se répartissent alors comme suit : Cairn Energy 65 %, FAR 25 % et Petrosen 10 %.[1] Cairn Energy devient opérateur et s'engage alors à forer le puits d'exploration de SNE-1.

En août 2013, la « major » américaine Conoco Phillips effectue à son tour son entrée dans l'association détentrice des droits sur les trois blocs Rufisque offshore, Sangomar offshore et Sangomar offshore profond. En s'engageant à supporter le coût d'un second forage d'exploration – celui de FAN-1 - il obtient 25 % de la part de Cairn Energy et 10 % de la part de FAR. Ainsi la nouvelle répartition des parts au sein de l'association

---

[1] Les détails des cessions sont disponibles sur le site officiel de FAR : http://www.far.com.au/announcements-reports/

devient : Cairn Energy 40 %, Conoco Phillips 35 %, FAR 15 % et Petrosen 10 %.

L'association loue les services d'un bateau de forage, le Cajun Express, et c'est en avril 2014 que débute le forage de FAN-1. Il sera ensuite suivi du forage SNE-1, situé également dans le bloc de Sangomar offshore profond. C'est en octobre 2014 que Cairn Energy, opérateur au sein de l'association de compagnies, annonce la découverte du pétrole de FAN-1, soit 10 ans après l'arrivée de Hunt Oil sur ce bloc et 21 ans après le dernier forage pétrolier dans l'offshore sénégalais. Le forage FAN-1, situé à 100 km au large de Sangomar, a traversé 1500 mètres d'eau et a atteint une profondeur totale d'environ 4900 mètres soit environ la distance entre le CICES de Dakar et le Centre Hospitalier et Universitaire (CHU) de Fann. Le pétrole découvert à FAN-1 est un pétrole léger (28° à 41° API). Les potentielles réserves du gisement découvert grâce à FAN-1 n'ont toujours pas été évaluées au 01/01/2018.

En novembre 2014, soit un mois après la découverte FAN-1, Cairn Energy annonce une nouvelle découverte de pétrole grâce au forage SNE-1. Celui-ci traverse 1100 mètres d'eau et atteint une profondeur totale de 3000 mètres. Le pétrole découvert à SNE-1 est un pétrole léger (32° API). Les ressources contingentes 2C (P50) étaient estimées au moment de la découverte, à 330 millions de barils. Suite à ces deux découvertes, un programme d'évaluation est soumis en mai 2015 à l'État du Sénégal par Cairn Energy et ses partenaires. Approuvé en août de la même année par le gouvernement, ce programme d'évaluation, centré sur la découverte SNE, sera mené en 2016 et 2017 en même temps qu'un programme d'exploration de deux autres forages.

Evaluation de SNE et poursuite de l'exploration

Les opérations d'évaluation du champ SNE ont démarré en novembre 2015 et se sont poursuivies durant l'année 2016 et le premier semestre de l'année 2017. Sept forages d'évaluation (SNE-2, SNE-3, SNE-4, SNE-5, SNE-6, VR-1 et BEL-1) ont été réalisés. Ils ont confirmé le potentiel commercial de la découverte SNE-1. D'un point de vue géologique, l'évaluation du champ SNE a permis de vérifier l'existence de deux séries de réservoirs sableux superposés (S400 et S500) contenant du pétrole et du gaz naturel associé au pétrole dans les réservoirs supérieurs S400.

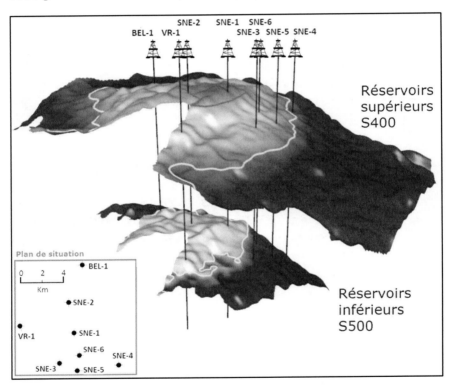

<u>Figure 11</u> : Modélisation 3D des deux niveaux de réservoirs de SNE avec eau (sombre), pétrole (clair) et gaz associé. Source : Cairn Energy 2017

Ces forages d'évaluation ont permis de confirmer l'extension et la connectivité des réservoirs et de revoir à la hausse les ressources contingentes 2C. Celles-ci s'élevaient en août 2017 à 563 millions de barils d'après les chiffres de l'opérateur écossais Cairn Energy.

Autres forages d'exploration

En parallèle des opérations d'évaluation du champ SNE, Cairn Energy et ses partenaires au sein de l'association de compagnies ont réalisé d'autres forages d'exploration : SNE-North 1 et FAN South-1. Le forage d'exploration SNE North-1 a été annoncé positif en août 2017 par Cairn Energy. Situé à 15 kilomètres au nord de SNE-1, il a atteint une profondeur totale de 2850 mètres. Du pétrole léger d'environ 35° API y a été trouvé et les ressources contingentes 2C s'y élevaient à 40 millions de barils. FAN South-1, a été réalisé sur la partie plus profonde du bloc de Sangomar offshore profond. Déclaré positif, il a traversé 2200 mètres d'eau et atteint une profondeur totale de 5350 mètres. Tous les forages effectués à Sangomar offshore profond sont résumés dans le tableau 6 ci-dessous :

Forages	Date fin	Phase	Profondeur totale (m)	Bateau de forage
FAN-1	oct 2014	Exploration	4900	Cajun express
SNE-1	nov 2014	Exploration	3000	Cajun express
SNE-2	jan 2016	Evaluation	2800	Ocean Rig Athena
SNE-3	mars 2016	Evaluation	2800	Ocean Rig Athena
BEL-1	avril 2016	Evaluation	2750	Ocean Rig Athena
SNE-4	mai 2016	Evaluation	2950	Ocean Rig Athena
SNE-5	mars 2017	Evaluation	2850	Stena Drillmax
VR-1	avril 2017	Evaluation	3900	Stena Drillmax
SNE-6	mai 2017	Evaluation	2900	Stena Drillmax
FAN South-1	juillet 2017	Exploration	5300	Stena Drillmax
SNE North-1	août 2017	Exploration	2800	Stena Drillmax

<u>Tableau 6</u> : Forages effectués dans le bloc de Sangomar offshore profond entre octobre 2014 et août 2017. Source : Cairn Energy

L'ensemble de ces forages, ainsi que le prospect Capitaine situé dans le bloc de Rufisque offshore sont figurés sur la carte ci-dessous :

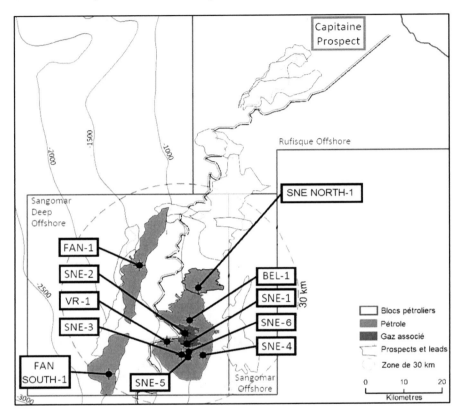

Figure 12 : Plan de situation des découvertes de pétrole, des forages associés et des prospects à Sangomar offshore profond et Rufisque offshore. Source : Cairn Energy 2017

Campagnes sismiques supplémentaires

En plus des forages d'évaluation du champ SNE et des forages d'exploration Fan South-1 et SNE-North 1, une campagne sismique supplémentaire a été menée. Elle a notamment couvert 2400 kilomètres carrés de sismique 3D dans le bloc de Sangomar offshore et Rufisque offshore.

Cessions de parts dans l'association durant la phase d'évaluation

En juillet 2016, la compagnie américaine Conoco Phillips a conclu un pré-accord de cession de ses parts (35 %) avec la compagnie australienne Woodside. L'accord final, selon Woodside, a été conclu en octobre 2016, menant à une nouvelle répartition des parts au sein de l'association : Cairn Energy (40 %), Woodside (35 %)[1], FAR (15 %) et Petrosen (10 %).

La phase d'évaluation du champ SNE, qui couvre une superficie de 350 km^2, a pris fin en août 2017 avec le forage SNE-6. Environ 1 milliard de dollars a été dépensé par l'association depuis le début des opérations d'exploration jusqu'à la fin de l'évaluation. Après des études techniques supplémentaires, l'association de compagnies adoptera une décision finale d'investissement (DFI) pour le champ SNE. La DFI devra être présentée à l'État du Sénégal et validée par ce dernier. Il sera alors temps d'entamer le développement.

Développement de SNE

Selon les responsables de Cairn Energy comme ceux de FAR, le développement du champ SNE pourrait se faire en plusieurs étapes. Une vingtaine de puits de production (de pétrole) et d'injection (d'eau et de gaz) pourraient être forés. La première phase du développement visera prioritairement la série S500 de réservoirs profonds dont les forages d'évaluation ont montré qu'ils avaient de meilleurs débits de production que les réservoirs S400. Les phases ultérieures permettront de viser les autres réservoirs et de « rattacher » au champ SNE d'autres découvertes comme celles de SNE North-1.

L'ensemble de la production sera probablement acheminé vers des collecteurs situés sur les fonds marins avant d'être expédié vers un navire FPSO situé à la surface de l'océan.

Ce plan de développement fera l'objet d'études d'ingénierie de base (ou « FEED ») effectuées en 2018. A l'issue de ces études, une décision

---

[1] La cession des parts de Conoco Phillips à Woodside a été contestée par un membre de l'association, en l'occurrence FAR, qui estime ne pas avoir pu exercer son droit de préemption. Plus d'infos sur : http://www.ogj.com/articles/2017/06/far-woodside-senegal-dispute-taken-to-arbitration.html

finale d'investissement (DFI) doit être adoptée par Cairn Energy et ses partenaires en 2019. Cette DFI sera soumise à l'État du Sénégal qui devra l'étudier et la valider après d'éventuels amendements. La DFI prend en compte tous les facteurs porteurs de risque et qui sont associés à la rentabilité future du projet. Ces facteurs sont : la maitrise des coûts de développement, les réserves, la stabilité des termes fiscaux, l'inflation, les prix fluctuants du baril, les coûts de production et les volumes de production qui seront atteints etc. Durant le développement, Woodside devrait, en principe, récupérer le statut d'opérateur.

Production de SNE

La production de SNE part sur l'hypothèse de ressources contingentes 2C de 563 millions de barils de pétrole et 1,3 TCF de gaz naturel. La production, selon Cairn Energy, atteindrait entre 75 000 et 125 000 barils en phase de plateau, c'est-à-dire au maximum. Elle pourrait s'étaler sur 20 à 25 ans et débutera par l'exploitation principale des réservoirs inférieurs (série S500) qui ont de meilleurs débits de production et sont plus épais que les réservoirs S400 supérieurs. D'éventuels champs satellites comme SNE NORTH-1 pourraient permettre d'augmenter les volumes de production et de rallonger la durée de vie du champ SNE mais cela demeure encore incertain. En résumé, le champ SNE pourrait présenter une courbe de production proche de celle présentée par la figure 13 :

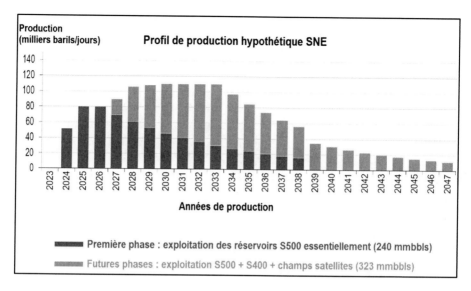

<u>Figure 13</u> : Profil de production hypothétique SNE. Source : Edison Investment research d'après données Cairn 2017

Quoi qu'il en soit, la production du champ SNE ne démarrera que si une DFI est adoptée, que les travaux de développement sont achevés et que les prix du baril sont à des niveaux jugés assez suffisants pour garantir la rentabilité. Dans le cas de SNE, un prix du baril à partir de 50 dollars serait acceptable même si la barre des 70 dollars semble être la valeur attendue par les compagnies et leurs actionnaires[1]. Toujours selon Cairn Energy, l'ensemble des coûts (exploration + évaluation + développement + location FPSO + maintenance) se situera vers 35 dollars/baril, un coût situé dans la moyenne des coûts de production offshore. Ce qui laisse donc une marge confortable en cas de prix du baril plus bas que 70 dollars.

---

[1] Présentation de FAR au Riu Good Oil Conférence en septembre 2017 disponible sur www.far.com.au

Partage de la production à SNE et de la rente pétrolière

L'État et l'association Cairn Energy, Woodside, FAR et Petrosen sont liés par un CRPP. Signé en 2004, ce CRPP organise le partage de la production entre l'État et l'association. La production qui sera partagée fait référence au « Profit Oil » qui est la production qui subsistera après déduction du « Cost Oil ». Dans le cas du champ SNE, situé à environ 1000 mètres de profondeur d'eau, l'article 22.1 du CRPP en question fixe une valeur maximale du « Cost Oil » à 75 %. Cela signifie que 75 % du pétrole qui sera produit pourra être utilisé par le contractant pour rembourser ses investissements d'exploration, de développement et les opérations courantes de production de SNE. Dans la pratique, cette valeur maximale du « Cost Oil » sera mise à profit par le contractant durant les premières années de production. Une fois que le recouvrement des dépenses d'exploration et de développement sera complété, le « Cost Oil » ne servira plus qu'à rembourser les dépenses courantes nécessaires à la production de SNE. Cette situation se présentera au bout de quelques années qu'il est difficile de définir avec précision tant que la DFI n'a pas été adoptée et que le coût final du développement n'est pas connu. Ainsi, même si le pétrole « coulera à flot » durant les premières années, l'argent qui en découlera sera essentiellement consacré au remboursement des banques qui ont préfinancé le développement. Il s'agit là d'une procédure courante.

Après déduction du « Cost Oil », le « Profit Oil » issu du champ SNE devra être partagé entre le contractant et l'État du Sénégal selon les volumes de production quotidienne suivants fixés par l'article 22.3 du CRPP :

Production (Barils/jours)	Part État	Part contractant
0 à 50000	15 %	85 %
50000 à 100000	20 %	80 %
100000 à 150000	25 %	75 %
150000 à 200000	30 %	70 %
Plus de 200000	40 %	60 %

Etant donné que la production de SNE se situera au maximum entre 75000 et 125000 barils/jours et sera toujours supérieure à zéro (0) durant toute la vie du champ, l'État du Sénégal gagnera entre 15 et 25 % du « Profit Oil » tiré de SNE.

A ces revenus de l'État en tant que signataire du CRPP, il faudra ajouter la part de Petrosen qui, même si elle fait partie du contractant, appartient à l'État sénégalais. D'après l'article 24.2 du CRPP en vigueur sur le bloc de Sangomar offshore profond abritant le champ SNE, la part de Petrosen pourra passer de 10 à 18 % de participation au maximum au sein de l'association de compagnies. Si Petrosen active cette possibilité d'augmentation de parts, et cela devrait être le cas, alors 18 % du « Profit Oil » revenant au contractant iront dans les caisses de Petrosen.

Enfin, le contractant devra payer l'impôt sur les sociétés (IS). Cet impôt est appliqué sur les bénéfices nets annuels issus des opérations pétrolières. Souvent fluctuant, l'IS est fixé au 01/01/2018 par le Code général des impôts (CGI) à 30 %.

Ainsi, les revenus totaux du Sénégal sur SNE seront constitués à peu de choses près par trois sources :

- source 1 : Profit Oil de l'État : 15 à 25 % du « Profit Oil » selon la production (barils/jours)

- source 2 : Part de Petrosen : 18 % sur le « Profit Oil » qui revient au contractant

- source 3 : Impôts sur les sociétés (IS) : 30 % des bénéfices nets

Tirée de ces trois sources, la valeur exacte des revenus totaux du Sénégal reste pour l'heure impossible à déterminer. Cela est logique étant donné que la DFI n'a pas encore été adoptée et que, par conséquent, tous les coûts ne sont pas encore connus. Ceux-ci ne le seront pas même pendant l'exploitation en raison des aléas ou des changements technologiques pouvant survenir. Enfin, le facteur déterminant qu'est le prix du baril reste impossible à prédire dans les faits.

Cependant, une première approximation basée sur les données de l'opérateur Cairn Energy et sur plusieurs hypothèses[1] permet de situer les revenus totaux du Sénégal dans la rente pétrolière tirée de SNE dans un ordre de grandeur de 10 à 14 milliards de dollars sur les 20 à 25 ans d'exploitation de ce champ. Les compagnies pétrolières internationales pourraient quant à elles percevoir entre 7 et 10 milliards de dollars de la rente de SNE.

Uniquement donnés à titre indicatif, ces ordres de grandeur dépendent du prix du baril, des coûts de production finaux, du profil réel de production, de l'inflation etc. Ces incertitudes n'empêcheront pas les revenus totaux de l'État de représenter vraisemblablement entre 55 et 60 % de la rente pétrolière tirée du champ SNE, contre 45 à 40 % pour les compagnies pétrolières internationales.

Ainsi, malgré une fiscalité plutôt favorable pour attirer les compagnies pétrolières internationales, le Sénégal restera majoritaire dans le partage de la rente pétrolière tirée de SNE. Il est important de le rappeler et il ne faut pas confondre la part de Petrosen qui est de 10 % en phase d'exploration et la part totale de l'État qui oscillera entre 55 et 60 % de la rente pétrolière dans ce cas-ci. Cependant, cette part ne sera recouvrée, et c'est là un point crucial, que si les contrôles techniques et comptables sont stricts. Cette confusion entre la part de Petrosen et la part totale de l'État peut néanmoins se comprendre dans un pays dont les citoyens se penchent, souvent pour la première fois, sur le fonctionnement de l'industrie pétrolière.

Les découvertes de SNE NORTH-1, FAN-1 et FAN SOUTH-1 pourraient grandement augmenter les revenus pétroliers du Sénégal. Des campagnes d'évaluation préciseront les réserves de ces différentes découvertes, effectuées elles aussi dans le bloc de Sangomar offshore profond.

---

[1] Hypothèses formulées par l'auteur : prix du baril qui vaut alternativement 60, 70 ou 80 dollars, coûts de production de 30 ou 35 dollars, taux d'actualisation de 10 % etc.

6.2 Les découvertes de gaz à Cayar offshore profond et Saint-Louis offshore profond

Reprenant le même canevas que le chapitre 6.1 sur les découvertes de pétrole au large de Sangomar, le présent sous-chapitre revient sur la chronologie administrative et technique des découvertes de gaz dans les blocs de Saint-Louis offshore profond et de Cayar offshore profond. Il s'agit donc de revenir sur l'historique récent des opérations d'exploration dans ces blocs.

Exploration et évaluation

C'est par les décrets présidentiels n° 2012-596 et 2012-597 du 19 juin 2012, que sont approuvés les contrats de partage de production (CRPP) conclus le 17 janvier 2012 entre l'État du Sénégal et le contractant composé par Petrosen et Petro-TIM Limited. Ces deux CRPP portent chacun sur un bloc : Saint-Louis offshore profond, pour l'un, Cayar offshore profond pour l'autre. Comme tous les autres CRPP en période de recherche, Petrosen détient 10 % de participation et Petro-TIM Limited 90 %. Petro-TIM Limited, juridiquement créé le 19 Janvier 2012, est désigné opérateur.

Un an et demi plus tard, en août 2013, la période initiale de recherche du contractant pour les deux blocs est prorogée par les décrets n° 2013-1154 et 2013-1155. Cette prorogation est une extension de la période initiale de recherche et non un renouvellement de celle-ci.

En juillet 2014, Petro-TIM Limited cède ses 90 % de parts à Timis Corporation[1]. Cette cession est approuvée par l'arrêté ministériel n°12328, La répartition des parts devient : Timis Corporation 90 %, Petrosen 10 %.

---

[1] Timis corporation et Petro-TIM ne disposant pas de sites web officiels, les chiffres non officiels de la cession de participation entre Petro-Tim et Timis Corporation, un « asset purchase agreement », sont consultables dans une interview donnée par le propriétaire de Timis Corporation, M.Franck Timis : http://xalimasn.com/frank-timis-sexplique/.

En août 2014, Timis Corporation cède 60 % de ses parts à la compagnie pétrolière américaine Kosmos Energy[1]. Les parts se répartissent alors comme suit : Kosmos Energy 60 %, Timis Corporation 30 %, Petrosen 10 %.

En janvier 2015, une campagne sismique 3D couvrant 7000 kilomètres carrés (km²) sur les deux blocs est achevée sous l'impulsion du néo-entrant et opérateur Kosmos Energy. A la suite de cette campagne sismique, trois découvertes de gaz seront faites. Il s'agit de Tortue, Teranga et Yakaar.

Tortue

En avril 2015, Kosmos Energy annonce une découverte majeure de gaz grâce au forage d'exploration Tortue-1 réalisé dans les eaux mauritaniennes, à quelques kilomètres de la frontière sénégalaise. Tortue-1, qui a atteint une profondeur totale de 4630 mètres a traversé quatre réservoirs contenant chacun du gaz. Tout indique alors que les réservoirs de ce gisement s'étendent dans les eaux territoriales sénégalaises.

En janvier 2016, le forage d'exploration/évaluation Guembeul-1, réalisé dans les eaux territoriales sénégalaises à cinq kilomètres au Sud de Tortue-1 (renommée Ahmeyim) atteint environ 5250 mètres de profondeur totale. Selon l'opérateur Kosmos Energy, Guembeul-1 a permis de découvrir du gaz dans les mêmes réservoirs que Tortue-1. Cette continuité des structures géologiques du gisement indique que celui-ci est situé de part et d'autre de la frontière sénégalo-mauritanienne.

En mars 2016, le forage d'évaluation Ahmeyim-2 effectué dans les eaux mauritaniennes, atteint 5200 mètres de profondeur totale et confirme les résultats de Guembeul-1. Les ressources découvertes de ce gisement dénommé « Tortue » sont évaluées à 15 TCF.

---

[1] Les détails de la cession entre Timis Corporation et Kosmos Energy, un « deed of transfer », sont consultables sur le site de l'autorité boursière américaine, la SEC : https://www.sec.gov/Archives/edgar/data/1509991/000110465914075847/a14-19714_1ex10d3.htm

Teranga

En mai 2016, Kosmos Energy, annonce une seconde découverte de gaz après Tortue. Il s'agit de la découverte faite par le forage d'exploration Teranga-1, réalisé dans le bloc Cayar offshore profond. Teranga-1 a atteint une profondeur totale de près de 4500 mètres. Les ressources découvertes à Teranga sont évaluées à 5 TCF.

Yakaar

En mai 2017, soit un an après la découverte de Teranga, Kosmos Energy annonce que le forage d'exploration Yakaar-1, également situé dans le bloc de Cayar offshore profond, a abouti à une découverte de gaz. Avec une profondeur totale de 4700 mètres, Yakaar a traversé trois séries de réservoirs. Les ressources découvertes sont estimées à 15 TCF soit autant que la grande découverte de Tortue. Mais contrairement à Tortue, Yakaar est entièrement située dans les eaux territoriales sénégalaises et pourrait constituer avec Teranga, situé à quelques kilomètres, un champ de gaz de premier plan au niveau sous-régional. Yakaar devrait être évalué durant l'année 2018.

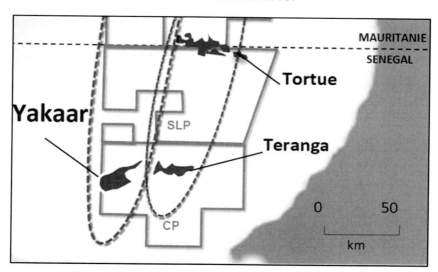

<u>Figure 14</u> : Plan de situation des découvertes de gaz à Cayar Offshore profond et Saint-Louis offshore profond. Source : Kosmos Energy 2017

Tous les forages ayant mené aux découvertes de Tortue, Teranga et Yakaar sont résumés dans le tableau 7 ci-dessous :

Forages	Date fin	Type/phase	Profondeur totale (m)	Bateau de forage
Tortue-1	avril 2015	Exploration	4630	Atwood Achiever
Guembeul-1	jan 2016	Evaluation	5250	Atwood Achiever
Ahmeyim-2	mars 2016	Evaluation	5200	Atwood Achiever
Teranga-1	mai 2016	Exploration	4500	Atwood Achiever
Yakaar-1	mai 2017	Exploration	4700	Atwood Achiever

Tableau 7 : Forages effectués dans les blocs de Cayar Offshore profond et Saint-Louis offshore profond entre octobre 2014 et avril 2016.

Arrivée de British Petroleum (BP) et réorganisation de l'association

Peu avant la découverte de Yakaar, la compagnie « major » britannique British Petroleum (BP) est entrée dans l'association contrôlant les blocs de Cayar offshore profond et Saint-Louis offshore profond. En effet, sa filiale BP Sénégal a acquis en décembre 2016 une participation de 32,49 % en rachetant des parts de Kosmos Energy[1]. La nouvelle organisation était alors la suivante : Kosmos Energy (Opérateur) 32,51 %, BP Sénégal (32,49 %), Timis corporation 25 %, Petrosen 10%.

Suite à cette première opération, BP a accru sa participation en rachetant la totalité des parts de Timis Corporation en avril 2017[2] et en réajustant sa participation avec Kosmos Energy. Au final, la répartition des parts dans l'association au 01/01/2018 est la suivante : BP 60 % (opérateur de développement), Kosmos 30 % (opérateur d'exploration et évaluation), Petrosen 10%.

---

[1] Les détails de cette cession entre BP et Kosmos Energy sont consultables sur : https://www.sec.gov/Archives/edgar/data/1509991/000110465916163253/a16-23371_1ex99d1.htm
[2] Les détails de cette cession entre BP et Timis Corporation sont consultables sur : https://www.bp.com/content/dam/bp/en/corporate/pdf/investors/bp-second-quarter-2017-results.pdf

Autre forage d'exploration : Requin Tigre

Un prospect dénommé « Requin tigre » avait été identifié dans le bloc de Saint-Louis offshore profond. Foré début 2018, il s'est finalement révélé être un puits sec alors que Kosmos Energy et ses partenaires de la « joint venture » pensaient qu'il pouvait contenir du pétrole ou du gaz naturel dans des quantités importantes, non loin du gisement Tortue. Cet échec, ajouté à celui du forage Hippocampe en octobre 2017, dans les eaux mauritaniennes non loin de Requin tigre, illustre que le forage demeure une science incertaine même dans une zone où des découvertes ont été faites au préalable. En effet, nul ne peut prédire le résultat d'un forage exploration.

Développement de Tortue

L'acquisition de données pour préparer le développement de Tortue s'est poursuivie avec un essai de production (Drill stem test) du puits Tortue-1 en août 2017. Celui-ci a permis de mieux connaitre les caractéristiques du gaz naturel qui sera produit à partir de ce gisement. Selon Kosmos Energy[1], cet essai de production laisse penser que durant la phase d'exploitation les puits pourront produire jusqu'à 0,2 BCF/jour chacun.

La décision finale d'investissement (DFI) pour le développement de Tortue dépend de l'accord entre les différentes parties prenantes et notamment entre les gouvernements sénégalais et mauritaniens. Cette DFI devrait intervenir fin 2018 ou début 2019. Le développement de Tortue est principalement orienté vers la valorisation du gaz naturel en tant que gaz naturel liquéfié (GNL). Selon Kosmos Energy et Petrosen[2], le concept de développement adopté est d'utiliser un navire FPSO qui va collecter le gaz naturel produit par les installations sous-marines, puis le traiter avant de l'envoyer vers un navire FLNG. Ce premier navire sera rapidement suivi d'un deuxième navire FLNG. Tous deux seront amarrés à une plateforme flottante positionnée sur la frontière maritime sénégalo-mauritanienne à moins d'une dizaine de kilomètres des côtes.

---

[1] Voir résultats du troisième trimestre 2017 de Kosmos Energy sur son site web : http://investors.kosmosenergy.com/news-releases/news-release-details/kosmos-energy-announces-third-quarter-2017-results
[2] Présentations officielles de Kosmos Energy à Londres (Royaume-Uni) en août 2017 et de Petrosen au MSGBC Summit à Dakar (Sénégal) en novembre 2017.

Ces deux navires FLNG vont réceptionner le gaz naturel envoyé depuis le FPSO, le liquéfier avant que des méthaniers (les bateaux de transport du GNL) ne viennent l'enlever pour l'exporter. Dans ce schéma, les États sénégalais et mauritanien vont recevoir leur part de gaz naturel via des gazoducs sous-marins qui leur livreront de quoi alimenter leurs centrales à gaz destinées à la production d'électricité.

Production de Tortue

La production de Tortue démarrera vraisemblablement en 2021 ou en 2022 si le projet prend du retard. BP sera alors l'opérateur et les autres parties prenantes seront Kosmos Energy, Petrosen et SMHPM (société nationale mauritanienne d'hydrocarbures). Les ressources découvertes à Tortue sont évaluées à 15 TCF.

La production de Tortue pourrait être comprise dans des volumes allant de 0,8 à 0,9 BCF/jour avec un peu moins de 0,1 BCF de la production revenant au Sénégal et à la Mauritanie pour leurs besoins domestiques lors du lancement de la production. Ces volumes de gaz ne constitueront qu'une partie des revenus de l'État du Sénégal, auxquels il faudra rajouter les exportations de GNL, la part de Petrosen dans le « Profit Gas » du contractant et l'impôt sur les sociétés (IS). Ces volumes de production pourraient augmenter selon l'évaluation finale des réserves et le nombre de puits de production qui seront forés à terme. Des condensats (pétroles ultralégers) seront également produits durant les opérations et stockés sur la plateforme flottante à laquelle seront arrimés les FLNG.

Partage de la production du gaz naturel à Tortue

Tout comme pour le pétrole découvert dans le bloc de Sangomar offshore profond, le partage de la production du gaz naturel découvert à Tortue est organisé par un contrat de recherche et de partage de production (CRPP) entre l'État du Sénégal, Kosmos, BP et Petrosen. Signé en 2012, ce CRPP autorise le remboursement des dépenses d'exploration et de développement (le « Cost Gas ») jusqu'à hauteur de 75 % (cette valeur est appelée « Cost stop »). Ainsi, pendant les premières années de la production, l'État du Sénégal et les compagnies BP et Kosmos se partageront 25 % de la production, un volume qui augmentera rapidement. Au final, les revenus gaziers tirés du gisement Tortue seront constitués par les trois sources de revenus classiques d'un CRPP qui sont :

- La part de Petrosen dans le « Profit Gas » contractant : jusqu'à 20 %

- La part de l'État dans le « Profit Gas » après déduction du « Cost Gas »

- L'impôt sur les sociétés (IS) : il s'élève à 30 %.

La « Profit Gas » issu du gisement de gaz Tortue, après prélèvement du « Cost Gas » sera partagé entre le contractant et l'État du Sénégal selon les volumes de production quotidienne fixés par l'article 22.3 du CRPP. Des termes identiques sont définis par le CRPP couvrant Cayar offshore profond où ont été découverts les gisements de Teranga et Yakaar. Ces termes sont les suivants :

Production (Barils/jours)	Part État	Part contractant
0 à 30000	35 %	65 %
30001 à 60000	40 %	60 %
60001 à 90000	50 %	50 %
90001 à 120000	54 %	46 %
Supérieur à 120000	58 %	42 %

La situation géographique du gisement Tortue à la frontière entre le Sénégal et la Mauritanie complique quelque peu la situation. La part revenant à l'État du Sénégal et à Petrosen devra prendre en compte la part revenant à leurs alter-égo, à savoir l'État mauritanien et la SMHPM.

Selon une communication officielle de Kosmos Energy datant d'octobre 2016, l'exploitation du gaz naturel du gisement Tortue pourrait rapporter près de 14 milliards de dollars sur 30 ans au PIB du Sénégal. Le contenu de l'accord de coopération intergouvernementale entre le Sénégal et la Mauritanie, signé en février 2018, et les options techniques et financières adoptées par la décision finale d'investissement (DFI) des compagnies permettront de préciser ces sommes.

Evaluation et perspectives pour Teranga et Yakaar

Teranga et Yakaar représentent des ressources découvertes d'environ 20 TCF. Des forages d'évaluation préciseront ce potentiel. Ces ressources pourraient permettre la mise en place d'un second centre de production de gaz naturel liquéfié (GNL) après Tortue. Etant donné que ces découvertes sont entièrement situées dans les eaux territoriales sénégalaises, une usine de traitement et de liquéfaction pourrait être construite sur la terre ferme plutôt que reconduire le modèle du FLNG adopté pour Tortue. Ce type d'installation serait associé à un terminal portuaire méthanier où les navires transporteurs viendraient enlever le GNL. Une telle configuration présente un potentiel en emplois directs et indirects beaucoup plus important qu'un FLNG, dans sa phase de construction comme d'exploitation, mais elle coûte également plus chère. Des études financières et techniques préciseront sa faisabilité.

Chapitre 6 : Les découvertes de pétrole et de gaz au Sénégal

Ce qu'il faut retenir

✓ Du pétrole et du gaz ont été découverts au large du Sénégal entre 2014 et 2017 sur les blocs de Sangomar offshore profond (SOP), Saint-Louis offshore profond (SLOP) et Cayar offshore profond (COP).

✓ Le pétrole découvert dans le bloc SOP l'a été grâce aux forages FAN-1 (octobre 2014), SNE-1 (novembre 2014), Fan SOUTH-1 (juillet 2017) et SNE NORTH-1 (août 2017). Seul SNE a été évalué au 01/01/2018 avec des « réserves » (2C) de 563 millions de barils.

✓ Le champ SNE débutera sa production en 2021-2023 et atteindra des productions maximales de 75000 à 125000 barils/jours. La part totale de l'État du Sénégal dans la rente pétrolière du champ SNE sera de 55 à 60 % contre 40 à 45 % pour les compagnies. Cette part pourrait représenter 10 à 14 milliards de dollars sur 20 à 25 ans.

✓ Le gaz naturel a été découvert dans les blocs SLOP et COP grâce aux forages d'exploration Tortue-1 (avril 2015), Teranga-1 (mai 2016), Yakaar-1 (mai 2017). Seul Tortue a été évalué au 01/01/2018 et contient des ressources de 15 TCF.

✓ Le champ Tortue débutera sa production en 2021 et atteindra des productions de 0,8 ou 0,9 BCF/jour en 2023. Ces volumes pourraient augmenter à l'avenir. Le Sénégal et la Mauritanie vont partager la rente issue de la vente du gaz naturel liquéfié (GNL). Avec le gisement Tortue, le Sénégal pourrait gagner 14 milliards de dollars de PIB sur 30 ans.

✓ Teranga et Yakaar contiennent des ressources de 20 TCF. Ils sont situés dans le bloc COP et constitueront un second pôle important d'exportation de GNL pour le Sénégal.

Troisième partie

Enjeux et solutions pour un Sénégal producteur

Chapitre 7 : Les enjeux du pétrole et du gaz sénégalais

7.1 - Enjeux économiques et sociaux

Pétrole et gaz, des ressources budgétaires supplémentaires

Selon les projections de son Agence nationale de la statistique et de la démographie (ANSD), le Sénégal possédait en 2017 une population de 15 millions d'habitants dont l'âge médian était de 18 ans. Cela signifie que 50 % des Sénégalais sont âgés de moins de 18 ans. Lorsque l'on observe de plus près la démographie nationale, il apparaît même que 70 % des Sénégalais sont âgés de moins de 35 ans. Le Sénégal possède donc une population très jeune qui pourrait atteindre les 40 millions d'habitants en 2050. Cette jeunesse porte en elle une fougue et perçoit, grâce aux médias, les nouvelles et les promesses d'ailleurs. Ces promesses, de même que ses expériences propres, la poussent à formuler des aspirations. Elle souhaite, comme toutes les jeunesses du monde, exprimer son talent à travers un emploi, la création et la gestion d'un petit commerce, d'une entreprise dans l'agriculture, l'industrie ou les nouvelles technologies du numérique, l'accomplissement d'une carrière dans le service public etc. Pour répondre à ces attentes fortes et légitimes formulées par la jeunesse, les gouvernements sénégalais d'aujourd'hui et de demain devront s'appuyer en partie sur les revenus tirés de l'exploitation pétrolière et gazière. Ils pourraient apporter un soutien décisif à une production agricole suffisante et de qualité. La création d'infrastructures publiques d'enseignement et de santé de qualité pourra également se faire avec ces revenus. Il s'agit donc d'un levier d'action supplémentaire pour transformer l'économie et la société, et les rendre, à terme, moins dépendantes des revenus pétroliers. Atteindre un tel but commande de faire des choix rationnels qui vont bien souvent à l'encontre de ce qu'ont pu faire la plupart des pays producteurs de pétrole ou de gaz. Ces pays ont en effet commis des erreurs économiques et stratégiques et ont été atteints de la « malédiction des ressources naturelles », autre nom de la « maladie hollandaise ».

Eviter la « maladie hollandaise »

Connue chez les économistes et politistes de l'industrie pétrolière, la « maladie hollandaise » (ou « syndrome hollandais ») renvoie à une situation économique où un État producteur de ressources naturelles minérales délaisse ses secteurs agricole et manufacturier, au profit du secteur extractif et des services.

Expression employée pour la première fois en 1977 par le journal spécialisé « The Economist », la « maladie hollandaise » doit son nom à la situation observée en Hollande dans les années 1960. En effet, après la découverte de gaz naturel près de la ville de Groningen en 1959, la Hollande a vu son secteur manufacturier régresser. Le secteur manufacturier correspond à toutes les productions industrielles et semi-industrielles de biens. Le phénomène de la « maladie hollandaise » a été observé de manière durable dans beaucoup d'autres pays où il a également causé une régression du secteur agricole.

En l'absence d'une stratégie de réinvestissements maîtrisée par l'État, l'afflux massif de revenus pétroliers et gaziers semble toujours poser problème aux pays producteurs, particulièrement lorsqu'il s'agit de « pays en développement ». « La maladie hollandaise » affecte généralement un pays en deux temps. D'abord, à travers une hausse des salaires dans les emplois directs ou indirects générés par l'exploitation des hydrocarbures. Cela peut entrainer, semble-t-il, un transfert de la main d'œuvre ouvrière et agricole vers l'industrie pétrolière et ses services annexes. Ensuite, parce que l'afflux d'argent dans les caisses de l'État peut entrainer des dépenses en infrastructures importantes et parce que les hauts salaires augmentent la demande en services. Pour satisfaire cette demande, il faut augmenter les importations. Les autres industries qui avaient déjà perdu leur main d'œuvre, finissent en plus par ne plus être compétitives face aux importations massives. Une telle situation a été observée et étudiée en Iran[1] qui est l'un des plus grands producteurs de pétrole au monde.

---

[1] HEIDARI, Fariba, 2014, *Boom pétrolier et syndrome hollandais en Iran : une approche par un modèle d'équilibre général calculable*. Thèse de doctorat, Economies et Finances, Université Nice Sophia Antipolis.

Le Sénégal, dont l'économie est déjà majoritairement orientée vers les services, a une industrie manufacturière faible. Il est donc surtout exposé à une régression de son secteur agricole. Or, le recul ou la déstructuration de ce secteur qui emploie 70 % de la population active du pays serait une tragédie économique et humaine. La gestion rationnelle des revenus pétroliers et gaziers ainsi que le renforcement de la chaine agricole (de la production à la transformation) apparaissent donc comme des impératifs afin que le Sénégal ne soit pas victime de la « maladie hollandaise ».

Une opportunité pour les entreprises sénégalaises

Les revenus pétroliers et gaziers perçus par l'État devront donc en partie servir à soutenir la transformation et la consolidation du secteur agricole et agro-alimentaire. L'industrie pétrolière et gazière au sens strict devra quant à elle constituer, dès à présent et pour l'avenir, une niche d'opportunités pour les entrepreneurs sénégalais et étrangers installés au Sénégal. Elle doit leur permettre, en dehors des revenus qui seront perçus par l'État, de s'insérer dans la « chaine de valeur » pétrolière. Celle-ci représente l'ensemble des entreprises et métiers qui interviennent tout au long de la filière : de son exploration à sa commercialisation sous forme de produits raffinés pour le pétrole, ou sous forme de combustible ou d'engrais pour le gaz. Autrement dit, ces entreprises doivent avoir leur part du « Cost Oil ». Cela réinjecterait une partie de cet argent dans l'économie nationale. Qu'il s'agisse de domaines spécifiques au pétrole et au gaz tels que les services (géophysique, réservoir, support maritime, matériel de production, appareils de mesure) ou de secteurs demandant moins de technologies comme l'immobilier, la logistique, le transport ou l'alimentation, les entreprises sénégalaises disposeront de plusieurs canaux pour se « brancher » à la filière pétrolière et gazière.

Le Code pétrolier prévoit une préférence nationale dans l'octroi de marchés de sous-traitance. Seulement cette capacité de sous-traitance doit être bâtie par le privé national avec l'appui d'une vraie volonté politique. Celle-ci pourrait se matérialiser à travers la mise en œuvre d'une politique et d'une réglementation sur le contenu local, sujet développé au chapitre 8. Une telle politique devra s'appuyer sur des ressources humaines de qualité, d'où la nécessité de former la jeunesse sénégalaise aux métiers du pétrole et du gaz et plus largement, à ceux de l'énergie.

Former la jeunesse sénégalaise aux métiers de l'énergie

La formation professionnelle de la jeunesse sénégalaise aux métiers du pétrole et du gaz est donc capitale. C'est elle qui conditionnera, entre autres facteurs, le niveau d'implication du secteur privé national dans la chaine de valeur pétrolière. C'est également elle qui fournira le personnel qualifié de cadres ou de techniciens dont auront besoin les compagnies pétrolières opérant au Sénégal. L'État du Sénégal, sous la supervision du COS-PETROGAZ et du ministère de l'Enseignement supérieur, a pris la décision de créer un Institut national du pétrole et du gaz (INPG) qui formera de jeunes Sénégalaises et Sénégalais aux nombreux métiers du pétrole et du gaz. Situé à Diamniadio, cet institut sera développé par l'État du Sénégal avec l'appui des compagnies pétrolières internationales et sera accompagné par quelques partenaires académiques reconnus comme l'Institut Français du Pétrole (IFP School). Un tel institut pourrait également positionner le Sénégal comme référence sous-régionale (derrière le Nigéria) dans la formation aux métiers du pétrole et du gaz. En effet, avec les découvertes de pétrole et de gaz au Sénégal, en Mauritanie, en Côte d'ivoire et au Ghana, les autres pays de la façade atlantique ouest-africaine comme la Gambie, la Guinée Bissau, la Guinée Conakry, le Sierra-Léone et le Libéria pourraient avoir besoin de personnel qualifié. L'INPG pourrait alors jouer un rôle de « centre de formation » sous-régional.

L'INPG pourrait former aux nombreux métiers du pétrole et du gaz (cf. chapitre 2) : géologue d'exploration, géophysicien, ingénieur en forage, pétrophysicien, ingénieur réservoir, spécialiste en géologie numérique, ingénieur en développement des gisements, ingénieur de la production, derrick-men, logisticiens spécialisés dans les opérations pétrolières etc. D'autres métiers, davantage liés à aux aspects économiques pourraient aussi y figurer : économiste de l'énergie, négociateur de contrats etc.

L'État du Sénégal devrait également investir dans la formation aux métiers liés aux énergies renouvelables. Pour ce faire, plusieurs options s'offrent à lui : il peut créer un institut national des énergies renouvelables (INER) ou élargir les compétences de l'INPG pour en faire un Institut national du pétrole, du gaz et des énergies renouvelables (INPGER) ou un Institut national de l'Energie (INE). Le pétrole et le gaz, bien qu'étant des sources d'énergie d'exception, sont fossiles et non renouvelables : leur production déclinera inéluctablement. La croissance déjà exponentielle du marché et des techniques d'exploitation des énergies renouvelables doit donc pousser l'État du Sénégal à préparer sa jeunesse aux métiers d'avenir dans l'énergie et dans l'utilisation durable des ressources. Même dans le cas où ils constitueraient deux entités distinctes, l'institut national du pétrole et du gaz (INPG) et l'institut national des énergies renouvelables (INER) gagneraient à mutualiser leurs moyens. Cela assurerait en effet la formation de spécialistes de l'énergie évoluant certes dans des branches différentes, mais qui s'enrichiraient en se côtoyant.

Un institut des énergies renouvelables pourrait former des techniciens de maintenance dans les technologies solaires de petite taille, des ingénieurs thermiciens, des ingénieurs spécialisés dans la maintenance des installations éoliennes, des spécialistes de la concentration solaire. Il pourrait également abriter un centre sous-régional de recherche sur les énergies renouvelables. L'énergie solaire étant le seul flux énergétique sur Terre qui provient du cosmos, les progrès de la recherche dans ce domaine permettront à l'humanité de fabriquer des panneaux solaires photovoltaïques avec des matériaux qui s'épuiseront moins vite et qui, peut-être, auront de meilleurs rendements que ceux qui sont utilisés à l'heure actuelle. L'Afrique , entièrement située dans la zone intertropicale, doit jouer un rôle moteur dans cette émulation scientifique mondiale.

Outre la formation qui doit être assurée par des instituts nationaux de l'État, des formations pourraient être dispensées par les établissements privés d'enseignement supérieur. Ceux-ci ont acquis un poids réel dans le paysage académique sénégalais : en 2017, 1 étudiant sur 3 était scolarisé dans le privé. Les écoles d'ingénieur et instituts supérieurs privés pourraient se positionner sur deux créneaux de formation : celui des techniciens (bac+2/ bac+3) et celui des mastères et des MBA (Master of Business Administration) spécialisés dans le pétrole et le gaz. Un tel positionnement nécessitera sans doute la mutualisation, là aussi, des moyens pédagogiques entre établissements privés pour assurer des formations de qualité. Des partenariats, réalisés avec des instituts internationaux dans le pétrole (Imperial College de Londres, Ecole nationale supérieure de géologie (ENSG) de Nancy) permettront aux établissements privés sénégalais qui auront mutualisé leurs moyens d'avoir des formations reconnues par l'État, par les compagnies pétrolières et leurs sous-traitants. Il serait contre-productif que les établissements privés se fassent une concurrence accrue en dispensant chacun des formations moyennes. Il serait par ailleurs préférable qu'ils dispensent des formations un peu différentes ou complémentaires de celles de l'INPG. Les compagnies pétrolières, liées à l'État et qui appuieront financièrement et pédagogiquement l'INPG, auront probablement tendance à y recruter leur personnel technique, notamment au niveau ingénieur. Pour les établissements privés, multiplier les formations techniques concurrentes de l'INPG, pourrait là aussi être contre-productif. Le secteur de l'énergie est en effet assez large pour que la formation y soit faite en bonne intelligence entre l'État et les privés.

7.2 - Enjeux énergétiques et écologiques

Même s'ils sont à la base de l'industrie pétrochimique, le pétrole et le gaz sont avant tout des ressources énergétiques. Leur exploitation permettra au Sénégal d'améliorer grandement son taux d'indépendance énergétique. Celui-ci correspond à la quantité d'énergie primaire produite dans un pays, rapportée à la quantité totale d'énergie utilisée dans ce pays, y compris l'énergie importée. En 2012, le taux d'indépendance énergétique du Sénégal était de 1,5 %[1], si l'on exclue la biomasse (bois, charbon) essentiellement utilisée pour la cuisson dans les zones rurales. Cela signifie que pour toutes ses activités « modernes » nécessitant de l'électricité ou des carburants, le Sénégal dépend à 98,5 % d'importations de produits énergétiques (fioul lourd et carburants). Une telle dépendance vis-à-vis de l'étranger, et particulièrement des marchés internationaux de produits pétroliers (pétrole brut, carburants etc.) est dangereuse pour n'importe quel pays.

---

[1] AEME, Agence pour l'économie et la maîtrise de l'énergie et PMC, Performance Management Consulting, 2015, *Stratégie de Maîtrise de l'Energie au Sénégal (SMES)*, ministère de l'Energie et du développement des énergies renouvelables (MEDER), République du Sénégal.

Mais avec la production locale de carburants issus du raffinage d'une partie du pétrole brut qui sera produit à Sangomar et la génération d'électricité à partir du gaz des gisements Tortue, Teranga et Yakaar, le Sénégal aura un bien meilleur taux d'indépendance énergétique.

Vers un mix énergétique sénégalais plus écologique

Concept désormais en vogue, le mix énergétique renvoie à la part occupée par chaque source d'énergie primaire dans la « consommation » d'énergie totale au Sénégal. Le mix énergétique ne doit pas être confondu avec le mix électrique qui désigne la part de chaque source d'énergie primaire dans la génération d'électricité. Or, en dehors de l'électricité, il existe d'autres sous-secteurs de l'énergie, à savoir les hydrocarbures et les combustibles qui sont largement dominés par la biomasse. Celle-ci est composée à 90 % par du bois et du charbon de bois utilisés pour la cuisson, les 10 % restants étant des coques d'arachides, des tiges de mil, balles de riz etc.

D'après des projections de l'AEME pour les combustibles et les hydrocarbures et les données 2017 de la SENELEC pour l'électricité, la « consommation » d'énergie finale (celle effectivement utilisée par les Sénégalais) était égale, en 2016, à environ 3 Mtep (millions de tonnes équivalent pétrole) ou plus exactement 3065 Ktep. En termes de mix énergétique, le poids de chaque sous-secteur dans le bilan énergétique final 2016 est récapitulé par le tableau 8 :

Sous-secteur	Energie finale (Ktep)	Part énergie finale (%)
Combustibles (surtout biomasse)	1100 Ktep	36 %
Hydrocarbures	1310 Ktep	43 %
Electricité	655 Ktep	21 %
Total	**3065 Ktep**	**100 %**

Tableau 8 : Répartition du mix énergétique sénégalais en termes de consommation finale en 2016. Source : Auteur d'après données SENELEC 2017 et projections AEME et PMC 2015

Ainsi, contrairement à une pensée répandue, l'électricité (21 %) n'est pas la première source de consommation d'énergie finale au Sénégal. Cependant, elle joue un rôle crucial en tant que vecteur énergétique car toutes nos activités, infrastructures, machines, conditions de vie et loisirs modernes dépendent d'elle. Les hydrocarbures (43 %) en tant que socle du transport sont également un autre pilier de l'économie et de la vie nationale. Ainsi, il est erroné de ne considérer que le coût direct de l'énergie dans l'économie d'un pays. Enfin, la biomasse, assimilable aux combustibles, représentait 36 % de l'énergie finale en 2016.

Ce mix énergétique final montre l'importance grandissante des sous-secteurs de l'électricité et des hydrocarbures. Il traduit surtout une diminution relative de la part de la biomasse qui représentait encore 50 % de l'énergie finale utilisée au Sénégal en 2009[1]. Ces progrès, réalisés grâce aux différents programmes menés depuis deux décennies (butanisation, foyers améliorés etc.), laisse malgré tout un poids important à la biomasse dans le mix énergétique national. La réalité sous-jacente à cette situation est la grande pression subie par les forêts sénégalaises. En effet, l'essentiel de la biomasse utilisée comme combustible de cuisson provient du bois ou du charbon de bois. L'un des enjeux du pétrole et du gaz au Sénégal sera donc de diminuer la pression sur les forêts qui sont à la fois des sanctuaires de biodiversité, des ressources économiques et des puits de CO_2.

L'autre enjeu est d'utiliser à bon escient le pétrole et les revenus tirés de sa commercialisation pour aérer nos villes, notamment Dakar la capitale. Celle-ci représente 0,3 % du territoire national mais abrite 50 % de la population urbaine du pays et est souvent congestionnée en raison de sa circulation automobile très dense. Selon le ministère de l'Environnement, la qualité de l'air y est souvent moyenne à mauvaise, principalement à cause du confinement et des spécifications souples sur la qualité des carburants. Avec la construction d'une nouvelle raffinerie alimentée par son pétrole léger et peu soufré, le Sénégal ira vraisemblablement vers de nouvelles spécifications. Il devra également développer des transports en commun de qualité. Le gaz naturel, dont

---

[1] SIE Sénégal, *Système d'information énergétique du Sénégal rapport 2010*, 2011, ministère de la coopération internationale des transports aériens des infrastructures et de l'énergie, République du Sénégal.

l'importance ne cesse de croitre à l'échelle mondiale, constitue également une ressource précieuse pour la production d'électricité. Celle-ci pourrait en effet être beaucoup plus « propre » et rejeter moins de CO_2 qu'à l'heure actuelle où elle est basée sur le fioul lourd, le gasoil et le charbon. Enfin, les revenus pétroliers et gaziers devront financer le développement des énergies renouvelables comme le solaire et l'éolien, ressources indispensables pour réduire les rejets de CO_2 mais qui posent des défis importants en termes de stockage et d'adaptation des réseaux électriques.

La protection de l'environnement marin (eaux et faunes) est une des problématiques écologiques de taille soulevées par l'exploitation des hydrocarbures. Pour y répondre, une surveillance stricte des opérations pétrolières est nécessaire, notamment à travers un suivi régulier des rejets d'eau de production. De plus, l'augmentation du trafic de méthaniers et tankers dans les eaux sénégalaises est également un risque supplémentaire de pollution qu'il faudra maitriser étant donné l'importance capitale de la pêche et du tourisme le long des côtes sénégalaises. Il faut cependant noter que les pratiques des compagnies pétrolières s'améliorent grandement depuis quelques années à mesure que le forage offshore devient une technique maitrisée et que les réglementations internationales sur l'environnement sont durcies. L'image désastreuse collée à l'industrie pétrolière par la pollution sauvage du Delta du Niger a également poussé les compagnies pétrolières à faire beaucoup plus attention et à renforcer leurs équipes environnementales. Au Sénégal, aucun forage d'exploration ou d'évaluation sur la quinzaine réalisée entre 2014 et 2017 au large de Saint-Louis, Cayar ou Sangomar n'a présenté de fuites d'hydrocarbures. Ces bons résultats de Cairn, FAR, Kosmos, BP et Petrosen sont à saluer mais un accident n'est pas à exclure. Une telle éventualité aurait à n'en pas douter un effet dévastateur sur les écosystèmes marins vu la taille importante des gisements en question.

La figure 15 donne un aperçu de la superficie du champ pétrolier SNE (environ 350 km²) qui pourrait recouvrir les deux tiers de la superficie de la région de Dakar.

Figure 15 : Aperçu de la superficie du champ pétrolier de SNE comparée à celle de la région de Dakar. Source : FAR 2017 (modifié)

Pour relever tous ces défis énergétiques et écologiques, le Sénégal devra moderniser ses moyens de production d'électricité, généraliser les équipements efficaces et économes en énergie, renforcer ses moyens humains de contrôle des opérations pétrolières mais aussi ceux de surveillance maritime. Il devra en outre maitriser les risques politiques et géopolitiques inhérents à ses découvertes de pétrole et de gaz.

7.3 - Enjeux politiques et géopolitiques

Enjeux politiques

D'un point de vue politique, les découvertes de pétrole et de gaz placent le Sénégal dans une configuration historique inédite. En effet, sa classe politique se retrouve placée au cœur du débat et des choix stratégiques sur la gestion de ressources naturelles d'exception. Des ressources qui permettront de générer des revenus sans commune mesure avec ce que le pays a pu connaitre par le passé (arachides, phosphates, or). Même si, comme nous l'avons vu au chapitre 3.2, le Sénégal ne deviendra jamais l'Arabie Saoudite ni l'Angola, les ressources pétrolières et gazières découvertes constitueront une manne financière non négligeable pour le pays. Il est donc indispensable qu'après les premières tensions apparues en 2015 et 2016, notamment autour de l'octroi des blocs pétroliers de Saint-Louis offshore profond et Cayar offshore profond à la société Petro-TIM, qu'un consensus fort se développe au sein de la classe politique sénégalaise sur la gouvernance de ces ressources. D'ici là, gouvernants et opposants politiques devront garder à l'esprit qu'ils sont susceptibles d'échanger leurs rôles à l'issue des processus électoraux et démocratiques inscrits au calendrier républicain. Ils gagneraient donc, pour les premiers, à toujours agir en respectant strictement les lois et en étant transparents dans la gouvernance des ressources pétrolières et pour les seconds, à avoir des positions objectives et rigoureusement documentées, notamment dans leurs déclarations relatives aux revenus perçus ou supposément perçus par l'État. L'adoption constante et sans délai de ces deux attitudes éviterait à la population sénégalaise d'être spoliée, suspicieuse ou mal informée.

Au-delà de ces attitudes républicaines, les acteurs politiques sénégalais devront apporter des réponses concrètes à la gouvernance pétrolière. Bien entendu, la conduite de la politique pétrolière revient de fait aux gouvernements actuels et futurs bénéficiant de la légitimité électorale populaire. Cependant, une plus grande implication de l'Assemblée Nationale, notamment dans la gestion des revenus, devrait être encouragée. Elle permettrait à l'opposition parlementaire de faire valoir ses positions et d'interpeller le gouvernement auquel elle fera face sur des questions liées à la transparence, entre autres. L'ouverture du CN-ITIE et du COS-PETROGAZ à un représentant de chaque groupe parlementaire de l'Assemblée Nationale serait ainsi un réel progrès. Le Président de la République, vu la place centrale qu'il occupe déjà dans les processus d'octroi et de renouvellement des contrats pétroliers, pourrait également avoir moins de pouvoirs dans le processus d'allocation des revenus pétroliers.

L'Assemblée Nationale doit en principe voter une loi qui lui sera proposée par le COS-PETROGAZ et un cadre réglementaire qui définira avec précision comment devront-être utilisés ces revenus. Son rôle, dans la surveillance continue des organes qui géreront cette manne financière devrait aussi être accru et inscrit dans la loi. Ces quelques propositions pourraient être surpassées par des mesures allant dans le sens de plus de transparence et de séparation des pouvoirs. L'indépendance de la Justice pourrait ainsi être renforcée avec le départ du Président de la République de la tête du conseil supérieur de la magistrature[1]. Cette demande rapportée par la CNRI[2] garantirait la tenue d'enquêtes indépendantes en cas de mal gouvernance ou de malversations dans l'amont pétrolier. L'Inspection générale d'État (IGE), corps intervenant dans le contrôle des procédures d'octroi des blocs pétroliers, ne devrait également plus être sous la tutelle présidentielle.

Les découvertes de pétrole et de gaz sont également un vrai défi pour l'administration. En effet, le personnel intervenant des ministères concernés (Environnement, Energie, Finances) et certains services (port, douanes etc.) devront se former. Ils devront connaitre les fondamentaux de l'industrie pétrolière et gazière et avoir, en permanence, le souci de connaitre les meilleures pratiques en vigueur dans leur domaine lorsqu'ils jouent un rôle dans les opérations pétrolières. L'administration fiscale en particulier a un grand rôle à jouer, elle qui doit collecter les impôts et taxes payés par les compagnies et en même temps améliorer la collecte d'impôt auprès des entreprises et des travailleurs sénégalais. Sa connaissance des pratiques financières et comptables des compagnies pétrolières sera cruciale pour le juste recouvrement de l'impôt sur les sociétés (IS).

Enjeux géopolitiques

D'un point de vue géopolitique, l'exploitation du gaz pose d'immenses défis au Sénégal. Le gisement de Tortue a été découvert à cheval de la

---

[1] Présidé par le chef de l'État, le Conseil supérieur de la magistrature est la plus haute instance de la Justice sénégalaise. Il regroupe les hauts magistrats du pays et procède aux nominations des magistrats aux postes importants.
[2] CNRI, Commission nationale de réforme des institutions, 2013, *Rapport de la commission de réforme des institutions au Président de la République du Sénégal*, République du Sénégal, p.13-14

frontière maritime sénégalo-mauritanienne. Or ces deux pays, liés par l'histoire et la géographie, n'ont pas toujours eu des relations faciles. Les tensions sénégalo-mauritaniennes ont atteint leur paroxysme avec les évènements xénophobes dans les deux pays en 1989 et ayant causé plusieurs dizaines de morts. Ces relations restent tendues mais se poursuivent désormais de manière plus feutrée avec l'expulsion de pêcheurs sénégalais par les autorités mauritaniennes, la présence d'opposants mauritaniens au Sénégal ou la gestion de la crise post-électorale de 2016 en Gambie. Il existe également des phases d'apaisement : en 2016, la SENELEC a ainsi acheté de l'électricité chez son homologue mauritanienne la SOMELEC et un rapprochement diplomatique a été noté début 2018 entre les deux pays grâce à une rencontre au sommet entre les présidents mauritanien et sénégalais.

La répartition de la production du gisement Tortue se fera entre les deux pays et les compagnies protagonistes (BP et Kosmos Energy). La Banque Mondiale, dans le cadre de son prêt de 29 millions de dollars octroyé à l'État du Sénégal, appuie ces négociations. La diplomatie sénégalaise devra donc continuer à raffermir ses liens avec la Mauritanie et poursuivre l'embellie diplomatique notée depuis 2016 entre le Sénégal et la Gambie. En effet, la configuration du bassin sédimentaire MSGBC montre une continuité vers le sud des structures géologiques ayant été à l'origine des découvertes pétrolières FAN et SNE au large de Sangomar. Une situation analogue à celle entre la Mauritanie et le Sénégal pourrait donc se présenter entre ce dernier et la Gambie. Une diplomatie énergétique active, incluant le Mali et les deux Guinée (Conakry et Bissau) en vue d'accélérer la construction de barrages hydroélectriques, pourrait ainsi être très bénéfique pour le Sénégal.

Une partie du gaz naturel sénégalais sera exportée sous forme de gaz naturel liquéfié (GNL), ce qui placera le Sénégal en (relative) concurrence avec d'autres pays exportateurs de GNL tels que le Qatar. Ce pays est un géant gazier (cf. chapitre 3.2) dont les exportations de GNL, déjà conséquentes, devraient croître dans la décennie 2020 selon des projections de l'AIE. Pays à la diplomatie active, portée par les immenses investissements de son fonds souverain, la Qatar Investment Authority (QIA), le Qatar est un État important du Moyen-Orient. Il a noué des relations diplomatiques avec le Sénégal depuis les années

1970 et ces liens se sont renforcés notamment dans le cadre de l'organisation de la conférence des états islamiques (OCI). Néanmoins, le Qatar est également perçu, à tort ou à raison, comme l'un des soutiens financiers d'une vision rigoriste de l'Islam. Parfois pointé du doigt par les USA et son voisin l'Aabie Saoudite, le Qatar a toujours nié que ses ONG finançaient des activités terroristes dans des pays comme le Mali, l'Aghanistan ou le Soudan. La France, pays ayant des liens économiques et diplomatiques importants avec le Qatar et le Sénégal, et dont l'un des fleurons industriels, le groupe Total, est présent dans l'amont pétrolier sénégalais, gagnerait à jouer un rôle dans la coopération diplomatique entre les deux pays. Quoi qu'il en soit, le Sénégal devra rester vigilant et renforcer de manière autonome ses capacités de renseignement. En effet, malgré de réels liens diplomatiques entre Doha et Dakar, une frange de l'élite qatarie pourrait ne pas voir d'un bon œil l'avènement d'un petit concurrent exportateur de GNL qui ferait baisser, même légèrement, les parts de marchés qataries dans le Maghreb ou en Europe (Italie, Espagne). Le développement des relations sénégalo-qataries reste donc une priorité diplomatique pour le Sénégal. Par ailleurs, le Maroc, qui cherche à moins dépendre du gaz algérien, investira 1,8 milliards d'euros d'ici 2025 dans la construction de centrales à gaz pour sa production d'électricité. Le Sénégal pourrait mettre à profit ses excellentes relations diplomatiques avec le royaume chérifien pour lui vendre du GNL.

La sécurisation des installations de production en haute mer (FLNG, FPSO) est aussi un enjeu majeur pour le Sénégal. Avec des découvertes d'hydrocarbures jusqu'ici exclusivement situées dans l'offshore, l'État sénégalais devra significativement renforcer sa marine nationale pour augmenter ses capacités de projection et celles de défense des infrastructures de production. Celles-ci coûtent extrêmement cher, sont situées dans les eaux territoriales sénégalaises et produiront des ressources qui reviendront en partie à l'État. Leur fragilisation (prise d'otages, attentat) pourrait avoir de fâcheuses conséquences sur la fourniture d'énergie au Sénégal et diminuerait aussitôt les recettes pétrolières et gazières versées au trésor public et aux communautés.

Nous allons à présent explorer les impératifs, outils et orientations que le Sénégal pourrait adopter pour être à la hauteur de tous ces enjeux.

Chapitre 7 : Les enjeux du pétrole et du gaz sénégalais

Ce qu'il faut retenir

✓ Enjeux sociaux : Le Sénégal a une population jeune : 70 % des Sénégalais ont moins de 35 ans. Ils expriment des besoins en emplois et en infrastructures de santé et d'éducation.

✓ Enjeux économiques : Eviter la « maladie hollandaise » en gérant de manière intelligente l'afflux de revenus pétroliers et gaziers. Soutenir fortement les PME/PMI des filières agricole et agro-alimentaire.

✓ L'État du Sénégal doit faire la promotion du contenu local en favorisant la naissance de PME/PMI de sous-traitants locaux et en facilitant le recrutement de nationaux grâce à la formation (INPG).

✓ Enjeux énergétiques : Avec le pétrole et le gaz, le Sénégal va être plus indépendant énergétiquement. Il devra également aller vers un mix énergétique qui va diminuer la pression sur les forêts due à la cuisson, améliorer la qualité des carburants, diminuer le prix de l'électricité grâce à des centrales à gaz et utiliser les énergies renouvelables pour baisser les rejets de gaz à effet de serre.

✓ Enjeux écologiques : L'exploitation pétrolière et gazière doit être surveillée de près, notamment en raison de ses impacts potentiels sur la faune et les eaux marines.

✓ Enjeux politiques : Garantir la transparence, ouvrir les outils et instances de gestion aux diverses sensibilités politiques du parlement. Garantir l'indépendance de la Justice.

✓ Enjeux géopolitiques : Renforcer les axes diplomatiques Sénégal-Mauritanie, Sénégal-Gambie, Sénégal-Qatar et Sénégal-Maroc. Renforcer la surveillance maritime militaire des sites de production et le renseignement anti-terroriste.

Chapitre 8 : Transparence, réformes et utilisation des revenus

8.1 - Garantir la transparence et renforcer les outils de l'État

Le pétrole en Afrique a souvent été source de malversations, de corruption[1], de mauvaise gestion des deniers publics, de conflits d'intérêts voire de conflits tout court. Les exemples sont légion quelle que soit la région : Golfe de guinée, Afrique centrale, Maghreb etc. Sur toute la chaîne pétrolière, les possibilités de corruption existent : de l'octroi des blocs pétroliers à la commercialisation des cargaisons de pétrole brut en passant par les opérations de contrôle, l'utilisation abusive des revenus pétroliers ou des caisses de la société nationale par la classe politique dirigeante ou encore la sélection complaisante de sociétés de service. Toutes ces pratiques peuvent se reproduire au Sénégal car malgré les efforts déclarés et parfois mis en œuvre (ITIE), le terreau administratif et politique demeure favorable à la corruption. Les rapports publics annuels de la Cour des comptes et de l'Inspection générale d'État (IGE) pointent régulièrement de mauvaises habitudes de gestion dont certaines relèvent même du délit. Il s'agit donc pour le Sénégal d'opérer des changements majeurs dans la gouvernance et le contrôle du secteur de l'amont pétrolier afin de le préserver le plus possible de la corruption.

Cette volonté de transparence devrait être matérialisée par des réformes à deux niveaux. Le premier étant la transparence entre les compagnies pétrolières et l'État. Bien que signataires de l'initiative pour la transparence des industries extractives (ITIE), les compagnies pétrolières opérant au Sénégal et l'État du Sénégal devraient mettre en place des mécanismes de contrôle strict des opérations pétrolières d'un point de vue technique et comptable. De plus, l'État du Sénégal devrait clarifier le rôle de chacun de ses outils de gestion de l'amont pétrolier, ce qui signifie fixer des limites et définir des prérogatives, notamment

---

[1] DUPARC, Agathe, GUENIAT, Marc et Olivier LONGCHAMP, 2017, *Gunvor au Congo. Pétrole, cash et détournements : les aventures d'un négociant suisse à Brazzaville*, Public Eye.

en matière de gestion des flux d'argent provenant des opérations pétrolières menées par les compagnies. Le deuxième niveau de transparence devra aborder la relation entre l'État (ministères, Petrosen) et la population sénégalaise.

Transparence entre les compagnies pétrolières et l'État

Renforcer et réformer Petrosen

Le renforcement de Petrosen est sans doute le sujet qui fait le plus consensus parmi la classe politique, les citoyens et institutions qui s'intéressent à la question pétrolière et gazière au Sénégal. Essentiellement orientée vers des missions de promotion du bassin sédimentaire sénégalais jusqu'en 2014 malgré son solide niveau technique (découverte de gaz à Gadiaga en 1998), Petrosen doit être soutenue pour poursuivre sa mue et devenir une compagnie pétrolière davantage orientée vers les opérations.

La forme d'organisation interne la plus optimale pour ce Petrosen nouveau sera définie par ceux qui sont à sa tête et leurs autorités de tutelle (ministère en charge de l'Energie ou du pétrole). Cependant, quelques recherches effectuées sur l'organisation de diverses compagnies nationales en Afrique et dans le monde ont permis de faire ressortir le type d'organisation suivant dont Petrosen pourrait s'inspirer :

Un département géosciences

- Division géologie, pétrophysique et réservoir, géophysique
- Division banque de données pétrolières

Un département ingénierie et production

- Division installations, forage, production, pipelines

Un département informatique et communication

- Division informatique
- Division communication

Un département logistique et QHSE

- Division qualité, hygiène, sécurité, environnement (QHSE)
- Division achats, transport et gestion de la chaine logistique

Un département financier et juridique

- Division chargée de la promotion du bassin
- Division chargée du trading du pétrole et du gaz
- Division Finances, analyse et investissements
- Division juridique

Département Ressources humaines et sociales

- Division ressources humaines et formation
- Division responsabilité sociétale des entreprises (RSE)

Cette liste non exhaustive est une forme possible d'organisation qui s'approche en partie de l'organisation actuelle de Petrosen. Adoptée en partie ou totalement, elle pourrait lui permettre, avec des moyens financiers et techniques accrus, de devenir une société de niveau comparable aux compagnies de type « independants » qui opèrent au Sénégal. Petrosen, vu la taille relativement modeste des gisements de pétrole découverts jusqu'ici, devrait rester concentrée sur l'exploration-production. Cela lui éviterait de se diversifier dans d'autres activités comme l'immobilier, le service pétrolier ou la distribution (stations-service) comme cela peut être le cas de la Sonangol (Angola).

Ce travail de renforcement de Petrosen pourrait se faire progressivement entre 2018 et 2021, par le recrutement de hauts profils formés au Sénégal ou à l'étranger mais aussi grâce à la formation interne. Celle-ci doit alterner des formations courtes (quelques semaines) déjà mises en œuvre et des spécialisations longues qui profiteront aux employés. De jeunes étudiants pourraient également bénéficier de bourses pour aller étudier dans les meilleurs universités et instituts pétroliers mondiaux (Manchester, Abderdeen, Imperial College de Londres, Institut Français du Pétrole, Curtin University, Colorado School of Mines etc.). Le recrutement de hauts profils pourrait quant à lui se faire, au Sénégal comme à l'étranger, après un recensement minutieux des meilleurs talents disponibles. Une telle dynamique de recrutement couplée à de la formation interne appuyée par quelques compagnies pétrolières est déjà enclenchée à Petrosen mais pourrait être améliorée avec un appui de l'État notamment sur le plan financier. Un ingénieur réservoir sénégalais travaillant pour une multinationale à l'étranger serait probablement ravi de revenir travailler pour son pays mais il ne le ferait pas à des niveaux de rémunération trop éloignés de ce qu'il pouvait gagner au sein de la multinationale. Bien rémunérer les hauts profils qui travailleront à Petrosen éviterait aussi qu'ils ne soient recrutés par les compagnies pétrolières internationales.

Une société nationale forte et bien organisée avec des recrutements basés sur le mérite et la compétence est une garantie nécessaire mais pas suffisante de transparence. En effet, d'autres réformes doivent être mises en œuvre pour diminuer le risque de corruption ou de mauvaise gestion.

Clarifier le rôle financier et technique de Petrosen

Petrosen est un interlocuteur privilégié des compagnies pétrolières internationales et ce, bien avant leur arrivée au Sénégal. Son activité de promotion du bassin sédimentaire sénégalais lui permet d'être en contact avec beaucoup de compagnies à l'occasion de rencontres internationales. Après ces premiers contacts informels, les compagnies doivent, lorsqu'elles arrivent sur le territoire sénégalais, consulter la banque de données pétrolières gérée par Petrosen. Elle est donc également leur référent technique lors de leur prospection initiale. En cas de signature de contrat de partage de production (CRPP), Petrosen devient leur co-contractant. Tous ces éléments créent une proximité importante entre Petrosen et les compagnies. Cela peut être salutaire dans bien des aspects, mais peut parfois constituer une source de conflits d'intérêts comme cela a été le cas dans beaucoup de pays producteurs (Angola, Nigéria etc.).

En tant que membre du contractant et donc partenaire des compagnies pétrolières internationales opérant au Sénégal, Petrosen ne devrait plus percevoir les divers paiements et taxes qui doivent être payées à l'État par lesdites compagnies. Cet argent devrait être perçu par l'administration fiscale qui la versera au trésor public, donc à l'État, car c'est ce dernier qui est contractuellement lié aux compagnies via un CRPP. L'État pourra ensuite réinjecter une partie de cet argent à

Petrosen dans le cadre de l'allocation de son budget annuel. Cette séparation des rôles aurait plusieurs avantages. Elle permettrait tout d'abord de clarifier les rôles et la responsabilité des opérations comptables au sein de l'appareil administratif. Elle éviterait de centraliser trop de fonds au niveau de la compagnie nationale, ce qui dans d'autres pays, s'est révélé être une source importante de mauvaise gestion. Enfin, elle permettrait à Petrosen d'être davantage perçu par les compagnies internationales comme un partenaire technique et non comme un partenaire hybride, à la fois technique et administratif.

Le contrôle des opérations pétrolières est effectué par Petrosen pour protéger ses intérêts en tant que co-contractant mais aussi pour le compte du ministère en charge de l'Energie ou du Pétrole. Ce double rôle, dans la même veine que le point précédent relatif aux paiements de certaines taxes, peut constituer là aussi une source de potentiels conflits d'intérêts.

Renforcer la Direction des hydrocarbures

Le contrôle des opérations pétrolières pour le compte de l'État devrait être effectué par les services du ministère en charge de l'Energie ou du Pétrole, en particulier la Direction des hydrocarbures. Celle-ci gagnerait à être renforcée avec des profils spécifiques et expérimentés couvrant tous les aspects comptables et techniques des opérations pétrolières, notamment la production.

La Direction des hydrocarbures devrait ainsi être dotée :

- d'auditeurs financiers et comptables qui vérifieront notamment la comptabilisation des coûts récupérables ;

- de logisticiens spécialisés dans l'exploration-production ;

- d'ingénieurs de la production maitrisant les appareils d'extraction, de traitement et de mesure du pétrole ou du gaz qui sera produit ;

- de géologues et d'ingénieurs réservoir qui étudieront les données de l'opérateur ainsi que le comportement dynamique du gisement ;

- de spécialistes de la législation pétrolière ayant une base technique solide (juriste pétrolier expérimenté ou ingénieur spécialisé dans le droit pétrolier) ;

- de spécialistes du trading pétrolier et gazier qui étudieront les prix de vente et les transactions des compagnies pétrolières internationales en vue de bien cerner leurs revenus ;

- d'un architecte pétrolier et/ou d'ingénieurs en installations chargés d'étudier de manière critique les propositions de plan de développement proposés par les compagnies pétrolières.

De tels profils, disposant d'une expérience avérée de quelques années au moins au sein de compagnies pétrolières internationales, sont sans doute disponibles au recrutement ou disposés à (re)venir travailler au Sénégal. Il va de soi que de tels recrutements ont un coût mais celui-ci est réellement négligeable lorsque l'on considère les montants de la rente pétrolière que pourrait perdre l'État à cause d'un contrôle superficiel ou effectué sans les bonnes ressources humaines. Ces recrutements devront naturellement privilégier des nationaux sénégalais, même si, vu l'importance du contrôle technique et comptable, l'État devra recruter tout profil nécessaire, quelle que soit la nationalité.

De grands pays producteurs du Moyen-Orient (Dubaï, Arabie Saoudite) ont, au sein de leurs compagnies nationales ou de leurs ministères du pétrole, des spécialistes de nationalité étrangère. Si le Sénégal devait recruter des profils étrangers spécifiques, il faudrait qu'il envoie dans le même temps des jeunes Sénégalais(e)s à l'étranger pour qu'ils effectuent des formations de spécialisation. Ceux-ci viendraient ensuite s'aguerrir auprès des profils étrangers avant, éventuellement, de se substituer à eux. La coexistence d'une Direction des hydrocarbures très forte et d'une compagnie nationale tout aussi forte n'est pas antinomique. Au contraire, un tel cas de figure a donné de très bons résultats en Norvège où cohabitent le Norwegian Petroleum Directorate (NPD) et Statoil, la compagnie nationale.

En outre, le rapport public 2014 de l'Inspection générale d'État (IGE), a fait cas de la rémunération de cadres du ministère en charge de l'Energie ou du Pétrole, par Petrosen[1]. Si elle est encore d'actualité, les dirigeants présents ou futurs du ministère et de Petrosen devront mettre fin à cette pratique épinglée par l'IGE. Cela garantirait l'indépendance des agents qui réaliseront le contrôle des opérations pétrolières.

La Direction des hydrocarbures devrait bâtir une base de données numérisée de l'ensemble des blocs pétroliers, des décrets relatifs à leur attribution, des compagnies pétrolières qui opèrent au Sénégal ainsi que des compagnies de services qui y bénéficient de contrats. Cette base de données pourrait être organisée sous forme de système d'information consultable sur son site web ou celui du ministère en charge de l'Energie ou du Pétrole. Un tel dispositif informerait de manière transparente et en temps réel la population et les médias sur la situation de l'amont pétrolier. Ce cadastre pétrolier est publié annuellement par le CN-ITIE mais devrait être disponible en permanence via la Direction des hydrocarbures.

S'il est continu et effectué avec rigueur par Petrosen d'une part et par la Direction des hydrocarbures d'autre part, le contrôle des opérations pétrolières permettra de recouvrer la juste part de ce qui revient à Petrosen dans le « Profit Oil » du contractant et à l'État de recouvrer son « Profil Oil ». Les compagnies pétrolières restent des partenaires privilégiés de l'État du Sénégal et ont une réputation à défendre. Elles ont donc un intérêt mutuel avec l'État du Sénégal à ce que les opérations pétrolières se déroulent dans la transparence et que les coûts pétroliers soient estimés à leur juste valeur. Une relation de confiance doit être bâtie entre ces compagnies pétrolières et Petrosen d'une part, et surtout entre ces compagnies pétrolières et les services de contrôle indépendants de l'État tels que la Direction des hydrocarbures et les autres agents habilités. L'adage rappelle en outre que « la confiance n'exclut pas le contrôle ».

---

[1] IGE, Inspection générale d'État, 2014, *Rapport public sur l'état de la gouvernance et la reddition des comptes*, Présidence de la République, République du Sénégal, p.116-117

Transparence entre l'État et la population

La transparence entre l'État et la population est l'autre pilier fondamental d'une bonne gestion des revenus pétroliers et gaziers. Pays de tradition démocratique, le Sénégal sera, quoi qu'il arrive, secoué par des débats passionnés autour des questions pétrolières. Il est donc dans l'intérêt de tout gouvernement sénégalais de désamorcer les malentendus, d'entreprendre un véritable travail de pédagogie pour expliquer le fonctionnement de l'industrie pétrolière, ses tenants et ses aboutissants. Il devra surtout être transparent dans les procédures d'octroi des blocs pétroliers, de signature des contrats, de cessions de participations entre compagnies pétrolières et de revenus pétroliers qui seront perçus.

L'adhésion du Sénégal à la norme ITIE

La norme ITIE, déjà évoquée dans les chapitres précédents, est un premier pas important vers la transparence. Il serait salutaire que le CN-ITIE et toutes les parties prenantes (gouvernement, compagnies pétrolières, société civile) se saisissent des rapports annuels ITIE Sénégal pour les diffuser auprès de la population, à travers des médias qu'elle affectionne davantage que la lecture, elle qui reste très majoritairement non alphabétisée[1]. Se joue ici la question de la diffusion du savoir dans les langues nationales, démarche incontournable pour rendre l'information digeste et à la portée de tous.

L'ITIE, malgré tout, n'est qu'une norme. Elle est certes incarnée par un comité, le CN-ITIE, qui déroule quelques activités mais il n'est qu'un rouage parmi tous ceux qui doivent constituer la grande machinerie de la transparence. L'un d'eux est la société civile.

Le rôle de la société civile

La société civile joue un rôle clé dans la transparence. Sa partie la plus active sur les questions relatives aux industries extractives est constituée par des antennes sénégalaises d'ONG internationales comme Oxfam, Publish what you pay, OSIWA etc. Leur cheval de bataille reste

---

[1] Selon l'ANSD, 65 % des Sénégalais ne savent pas lire et écrire le français en 2014, langue officielle dans laquelle sont diffusés les rapports annuels de l'ITIE au Sénégal, mais aussi le Code pétrolier, les contrats pétroliers etc.

la prise de conscience de la redevabilité de l'État envers les citoyens sur les questions fiscales liées au pétrole, au gaz et aux mines. Cette préoccupation étant en partie prise en charge par l'ITIE, de telles organisations gagneraient peut-être à travailler plus en profondeur sur la vulgarisation de concepts simples mais essentiels autour des contrats pétroliers, les rudiments techniques de l'industrie pétrolière, les risques économiques et sociaux encourus lorsqu'un pays s'installe dans une économie de rente etc. Leur capacité financière et logistique leur permet de toucher beaucoup de Sénégalais via des fora, des spots audiovisuels ou radiophoniques, de l'affichage publicitaire etc. Une association comme l'ASDEA (Association sénégalaise pour le développement de l'Energie en Afrique) a aussi un rôle à jouer. Co-organisatrice, avec l'ADEA (Association pour le développement de l'Energie en Afrique) d'un sommet international annuel sur le pétrole et le gaz en Afrique (SIEPA), l'ASDEA pourrait mener des activités d'utilité publique en informant le grand public sur les enjeux du pétrole et du gaz et sur le déroulé des opérations en cours. Ce travail pourrait se faire à travers des conférences, des publications périodiques etc. C'est par exemple ce que fait une association comme l'ASPO (Association for the study of peak oil) sur les questions d'épuisement des ressources fossiles dans le monde. La société civile pourrait donc jouer le rôle de « digesteur » conceptuel entre l'État et la population.

L'outil numérique pour informer en temps réel

En dehors des actions médiatiques et de terrain que pourrait porter la société civile, l'État sénégalais devrait disposer d'outils numériques de qualité pour communiquer rapidement et sans intermédiaire avec la population. Documents écrits téléchargeables, brochures remplies de schémas explicatifs, cartes interactives, applications et sites web ergonomiques donnant des informations régulières et à jour, enregistrements audio explicatifs, sms d'information, jeux interactifs : le numérique dispose d'une multitude d'outils qui peuvent informer et rassurer l'opinion. Ils devront être exploités autant que possible en intégrant là aussi l'usage des langues nationales.

Les sites web de Petrosen et du ministère en charge de l'Energie ou du Pétrole doivent devenir des sources fiables d'informations techniques, juridiques et comptables sur l'exploration-production au Sénégal. L'exhaustivité est même réclamée pour de telles plateformes. En effet, le profane doit y trouver une information simplifiée mais le spécialiste et le journaliste, plus intéressés par une information détaillée, doivent y trouver toute donnée non confidentielle. La Norvège est là aussi un exemple en la matière avec l'excellent site web de son Norwegian Petroleum Directorate (NPD)[1], l'équivalent de la Direction des hydrocarbures sénégalaise.

8.2 - Réformer la législation pétrolière

Le Sénégal est officiellement un État de droit. Cela signifie que tous les contrats qu'il signe avec les compagnies pétrolières internationales s'appuyaient jusqu'en 2018 sur la législation pétrolière de 1998 même si, comme nous l'avons déjà vu, certains termes sont négociés au cas par cas pour chaque contrat. Ainsi, si l'État du Sénégal veut obtenir une meilleure part de la rente pétrolière, il doit renforcer les capacités de ses négociateurs, mais doit surtout réformer sa législation pétrolière. Une telle volonté de réforme est courante dans l'industrie pétrolière et peut provenir d'une hausse ou une baisse exceptionnelle des prix du baril, de la multiplication des découvertes dans un pays ou, au contraire, de l'occurrence de son pic de production. Le Sénégal, longtemps considéré comme prometteur mais dont le sous-sol n'avait pas encore révélé de gisements commerciaux, a été le théâtre de découvertes significatives depuis 2014 (cf. chapitre 6.2). Une révision de sa législation pétrolière est donc logique au regard de son histoire récente. Plusieurs sources indiquent l'adoption d'une nouvelle législation pétrolière, en 2018 ou 2019. Nous examinerons dans les pages suivantes les arguments qui justifient une telle démarche et proposons des orientations pour cette nouvelle législation pétrolière.

---

[1] Voir le site du Norwegian petroleum directorate sur http://www.npd.no

8.2.1 - Les arguments de la réforme de la législation pétrolière

Réformer une législation pétrolière doit tenir compte d'arguments divers qui peuvent être géologiques, fiscaux, écologiques et sociaux. Le Sénégal, après avoir réussi à attirer des compagnies pétrolières qui ont confirmé l'existence de pétrole et de gaz en quantités commerciales dans son sous-sol, devrait désormais s'organiser pour faire de ces ressources un facteur de progrès. Ce passage d'une posture de pays cherchant à attirer des investissements à celle de pays producteur se fera, en partie, par l'intermédiaire d'une réforme de la législation pétrolière. Cette réforme se justifie par : une meilleure connaissance du bassin sédimentaire sénégalais, la croissance inéluctable de Petrosen, la forte demande sociale et la nécessaire protection de l'environnement.

Argument 1 : Le bassin sédimentaire sénégalais est mieux connu

De 1952 à 2017, près de 60 000 kilomètres de sismique 2D ont été levés au Sénégal et plus de 12 000 kilomètres carrés de sismique 3D ont été tirés (source : Petrosen). Or, tel qu'il a déjà été évoqué dans le texte, ces données, en plus de celles issues des forages (une quinzaine, presque tous positifs entre 2014 et 2017) finissent par revenir à l'État sénégalais via Petrosen qui les conserve dans sa banque de données. Une telle accumulation de données et les découvertes de FAN, SNE, FAN-SOUTH, SNE-NORTH, Tortue, Teranga et Yakaar ne font plus du Sénégal une terra incognita du point de vue de l'exploration pétrolière.

Comparativement à 1998, il y a beaucoup plus d'informations détaillées sur les systèmes pétroliers qui ont pu générer et piéger du pétrole et du gaz. Le risque associé à l'exploration est désormais plus faible à l'échelle du pays. Deux grands thèmes d'exploration sont maintenant bien connus : la limite de plateau carbonaté où a été découvert SNE et les turbidites (roches issues d'écoulements turbulents le long d'une pente sous l'eau) oùont été découverts FAN et Yakaar. Ainsi, le risque d'exploration est désormais moindre même si ce risque peut varier à l'intérieur même d'un bloc entre plusieurs cibles d'exploration. Les blocs de l'offshore ultra-profond demeurent encore risqués car n'ayant jamais été explorés à l'exception d'une campagne sismique 2D de 11 000 km menée en 2017 par Petrosen.

Argument 2 : Les contrats pétroliers doivent rapporter plus à l'État

Il ne s'agit pas ici de faire une critique du législateur sénégalais de 1998 ni des négociateurs ayant conclu les contrats sous cette législation. Bien au contraire, sans une telle flexibilité voire générosité dans certains termes de contrats, le Sénégal et les compagnies « juniors » qui y sont installées n'auraient probablement pas pu convaincre des compagnies de taille intermédiaire ou des « majors » de venir y investir. Cependant, l'imaginaire populaire associé au pétrole voit ce dernier comme une source de richesse. Ce qui est effectivement le cas lorsque cette ressource et les revenus qui en découlent sont bien gérés. Il faudrait ainsi que l'État du Sénégal, à travers sa nouvelle législation pétrolière, puisse capter le plus possible de la rente pétrolière et bien l'utiliser, tout en laissant aux compagnies une marge leur permettant de continuer à endosser le risque d'exploration et d'être bien rémunérées en cas de découverte. Il s'agit là d'un exercice délicat mais qui n'est pas impossible à réaliser comme nous le verrons dans les propositions. De plus, l'État du Sénégal fait face à un boom démographique accompagné d'aspirations au mieux-être de la part de sa population. Il doit donc mobiliser le maximum de recettes financières internes pour éviter d'avoir des niveaux d'endettement trop élevés auprès de partenaires bilatéraux ou de bailleurs institutionnels internationaux.

Argument 3 : Sa compagnie nationale Petrosen sera plus forte

Même si elle n'était pas réformée et renforcée (ce qui s'avérerait être, sans doute, une erreur stratégique majeure), Petrosen deviendrait, quoi qu'il arrive, une des compagnies nationales sénégalaises réalisant l'un des plus gros chiffres d'affaires à l'horizon 2025-2030. En effet, en retirant sa part dans le « Profit Oil » du contractant, après avoir remboursé ses co-contractants, Petrosen rapporterait beaucoup d'argent à l'État du Sénégal qui lui en retournerait une partie importante pour ses investissements et son fonctionnement. Si l'État du Sénégal veut que cet argent soit bien utilisé et soit en partie réinvesti par Petrosen dans l'exploration-production, il faudrait réformer la législation, préciser les attributions de Petrosen et peut-être revoir le montant de sa participation dans les contrats.

Argument 4 : Il devrait intégrer des dispositions plus contraignantes sur le plan environnemental et social.

Le Code pétrolier de 1998 a été rédigé dans un esprit d'attractivité fiscale et économique. Il doit désormais, à l'heure des défis climatiques et écologiques auxquels l'humanité et le Sénégal font face, être plus contraignant sur le plan environnemental. La protection accrue de la faune (marine notamment), les rejets de gaz à effets de serre ou d'oxydes d'azote (NOx) sont des éléments qui doivent être pris en compte dans toute législation pétrolière moderne.

De plus, les dispositions relatives à la responsabilité sociale des entreprises (RSE), bien que déjà intégrées en partie dans les contrats les plus récents, devraient faire l'objet d'une inscription formelle et plus élaborée dans la nouvelle législation. Il est en effet important de permettre aux populations locales de sentir le gain social d'une exploitation de ressources naturelles et, pour plus de transparence et davantage de moyens qui lui seront consacrés, ce travail doit être organisé par la loi et des règlements.

Ces quelques arguments rendent légitime la volonté de l'État du Sénégal de réformer de sa législation pétrolière. Abordons maintenant les orientations que l'État du Sénégal et ses équipes d'avocats spécialisés pourraient emprunter pour enrichir cette nouvelle législation.

8.2.2 - Propositions pour la nouvelle législation pétrolière

Avant d'aborder les propositions relatives aux divers aspects de l'industrie pétrolière couverts par la législation, il apparaît nécessaire d'expliquer l'esprit ayant présidé à leur élaboration.

Le pétrole et le gaz sont des ressources non renouvelables. Tout État producteur devrait donc s'organiser pour profiter au maximum de leur disponibilité tout en se préparant à vivre sans eux lorsque les gisements qui les renferment s'épuiseront. Ainsi, tout en cherchant à percevoir une plus grande part de la rente pétrolière, l'État du Sénégal devrait chercher à « décarboner » son économie c'est-à-dire diminuer la dépendance de son transport, de son agriculture et de son secteur énergétique aux dérivés du pétrole. Il pourrait y arriver en essayant de mobiliser le plus rapidement possible les revenus pétroliers et gaziers et en mettant en place des mécanismes de réinvestissement d'une partie de ces revenus dans des réalisations déconnectées de l'amont pétrolier et des énergies carbonées.

Pendant l'exploitation du pétrole et du gaz, l'État du Sénégal continuera à attirer des compagnies pétrolières. Il serait dans son intérêt de chercher à accroître la concurrence entre les compagnies et la transparence via des appels d'offre, ainsi que leur rotation, notamment pour l'exploration.

Par ailleurs, la nouvelle législation pétrolière innoverait en organisant un accès décentralisé à la rente pétrolière. Cela pourrait se faire grâce à un investissement social et écologique accru des compagnies pétrolières auprès des communautés et des collectivités locales.

Examinons maintenant plus en détail les propositions qui permettraient d'atteindre ces objectifs économiques, sociaux et écologiques.

Sur le plan économique et fiscal

Proposition 1 - Pour un « Cost stop » maximal de 50 %

De plus en plus de Codes pétroliers en Afrique et dans le monde introduisent une redevance sur la production dans les régimes de partage de production. La redevance, qui est déduite de la production avant le prélèvement du « Cost Oil », garantit un revenu immédiat pour l'État. Bien qu'il soit tentant d'introduire une telle disposition dans la nouvelle législation, il convient mieux de modifier la valeur maximale du « Cost stop », ce qui aura le même effet qu'une redevance, c'est-à-dire garantir une part de la production à l'État. Actuellement négocié entre 65 et 75 % dans les contrats signés entre l'État sénégalais et les contractants, le « Cost stop » pourrait être fixé par la nouvelle législation à une valeur maximale de 50 %. Ainsi il resterait, quel que soit le contrat et le gisement, au moins 50 % de « Profit Oil » à se partager entre l'État et le contractant dès le début de la production.

Exemple : Un gisement qui a débuté sa production il y a peu fournit 100 000 barils par jour. Si le « Cost stop » a été négocié à 75 % dans le contrat (CRPP) et que, dans cette tranche de production, l'État touche 50 % du « Profit Oil », alors la part de Profit Oil de l'État (PPOE) sera égale à :

PPOE (Cost stop 0,75) = 0,50 x (100 000 − (0,75 x 100 000)
PPOE (Cost stop 0,75) = 12 500 barils

Avec un « Cost stop » de 50 % sur le même gisement, l'État aurait eu :

PPOE (Cost stop 0,50) = 0,50 x (100 000 − (0,50 x 100 000)
PPOE (Cost stop 0,50) = 25 000 barils

A travers cet exemple simple, on aperçoit l'intérêt que pourrait avoir l'État à réformer le plafond légal du « Cost stop ». L'adoption d'une telle réforme dans la nouvelle législation retarderait cependant de quelques années le retour sur investissement des compagnies pétrolières. Cela apparaît néanmoins comme un compromis acceptable vu le bassin sédimentaire intéressant auquel leur donne accès l'État du Sénégal et le risque d'exploration globalement moindre grâce aux découvertes faites entre 2014 et 2017. Enfin, cette réforme contraindrait l'État et les compagnies pétrolières à travailler davantage sur le long terme.

Proposition 2 - Pour un partage du « Profit Oil » basé sur l'utilisation du facteur R et non sur les volumes de production.

Dans la législation de 1998, le CRPP sénégalais organise le partage du « Profit Oil » selon les tranches de volumes de production. Cependant, si le prix du baril remonte durablement au-dessus des 100 dollars, un CRPP basé sur les volumes de production comme celui signé par Hunt Oil en 2004 et aujourd'hui repris par Cairn, FAR et Woodside, constituerait un potentiel manque à gagner important pour l'État. Ce critère de partage de production semble vieilli et devrait être remplacé par le facteur R, prévu par la législation de 1998 mais non appliqué dans les contrats négociés jusqu'ici.

Le facteur R est égal aux revenus nets cumulés divisés par les investissements cumulés.

Ces deux termes apparaissent dans les bilans comptables du contractant, ils peuvent donc être faciles à recouper. De plus, le numérateur, c'est-à-dire les revenus nets cumulés, prend en compte à la fois les volumes de production et le prix du baril[1]. Le dénominateur quant à lui prend en compte toutes les dépenses. Enfin, un tel mode de calcul oblige l'État à s'organiser de manière rigoureuse pour bien mesurer les volumes produits et bien surveiller les coûts déclarés par les comptabilités des compagnies. Il constitue donc pour l'État une raison de renforcer ses effectifs de contrôle.

Il y a donc de multiples avantages à faire du facteur R l'élément sur lequel se base le partage du « Profit Oil ». Ce facteur prévu par la législation pétrolière de 1998 pourrait d'ailleurs être déclaré comme étant le seul moyen d'établir les pourcentages de l'État et du contractant dans le partage du « Profit Oil ». Les différents seuils du facteur R, sur lesquels seront indexés les pourcentages de chaque partie, devront être bien choisis pour garantir à l'État de meilleurs revenus en cas de découverte importante et ne pas léser la compagnie en cas de découverte modeste.

---

[1] Le revenu brut tiré de l'exploitation pétrolière est égal au nombre de barils produits multiplié par le prix du baril au moment où ces barils sont produits. Avec un baril à 60 dollars, une production de 1 million de barils vaut 60 millions de dollars alors qu'avec un baril à 120 dollars, sa valeur est de 120 millions de dollars.

Proposition 3 - Accroître la participation de Petrosen

Petrosen est le bras armé technique de l'État dans l'exploration-production. Sans avoir des ambitions démesurées pour sa société nationale, vu la taille modeste des gisements qui ont été découverts jusqu'ici, l'État du Sénégal doit néanmoins pousser Petrosen à accroitre sa participation. Généralement égale à 10 % en phase d'exploration sous la législation de 1998, la participation sans dépenses de Petrosen pourrait passer à 15 % sans que cela ne gêne, a priori, les compagnies pétrolières internationales. Ce « carried interest » de 15 % est par exemple appliqué par le Ghana à travers sa société nationale la GNPC.

Le Ghana est un pays d'Afrique de l'ouest d'environ 28 millions d'habitants possédant, comme le Sénégal, une façade maritime atlantique et un domaine minier offshore où du pétrole a été découvert en 2007. Le gisement en question, dénommé Jubilee, a été mis en production en 2010. Une seconde série de gisements pétroliers, regroupés sous la dénomination TEN, y a été mise en production en 2016. La production actuelle du Ghana atteint les 170 000 barils/jours après avoir été de 100 000 barils/jours en moyenne depuis 2010. Le Sénégal pourrait adopter une démarche similaire au Ghana, notamment en ce qui concerne la participation de sa société nationale, en raison de l'âge voisin entre la GNPC (née en 1983) et Petrosen (née en 1981) mais aussi de la situation géographique du pétrole découvert (offshore), du matériel qui y est utilisé (FPSO), de ses niveaux de production (autour de 100 000 barils/jours) etc. Ainsi, avec un « carried interest » de 15 % en phase de recherche, Petrosen pourrait faire passer sa participation, durant la phase d'exploitation, jusqu'à 25 % contre 20 % dans la législation de 1998. Elle continuerait, comme dans les contrats signés sous la législation de 1998, à acheter ses 10 % de participation supplémentaire auprès de ses co-contractants (cf. chapitre 5.2)

Rappel important : le rachat par Petrosen de parts supplémentaires en phase d'exploitation a un coût. Concrètement, cela veut dire si la législation pétrolière permettait à Petrosen de faire passer sa participation à 50 %, notre compagnie nationale devrait être capable de lever des fonds pour racheter ces parts supplémentaires sur plusieurs gisements potentiels et financer sa part de dépenses, notamment dans les très coûteuses opérations de développement. Ce qui se chiffrerait rapidement en milliards de dollars. Elle devrait également avoir les effectifs suffisants pour assurer le suivi sur chacun des périmètres d'exploitation où sa participation s'est accrue. Avec un tel pourcentage, elle devrait même assurer un éventuel rôle d'opérateur. Or, Petrosen, même après 5 ans d'exploitation, ne pourra avoir une telle assise financière ni un tel niveau technique. Ce passage d'un « carried-interest » de 10 à 15 %, pouvant passer à 25 % en période d'exploitation apparaît donc comme un premier pas solide et raisonnable. La société nationale angolaise, la Sonangol, qui avait des taux de participation très élevés il y a quelques années (jusqu'à 50 %) est revenue à des taux plus modestes (20 %) faute de capacités à payer ses parts supplémentaires. Cette spécialisation de la compagnie nationale est d'ailleurs conseillée par plusieurs études et spécialistes de la stratégie pétrolière[1].

Sur le plan contractuel

Proposition 4 - Des appels d'offres pour attribuer les blocs

Jusqu'ici le Code pétrolier et la pratique privilégiaient les manifestations d'intérêt spontanées de la part des compagnies pétrolières. À une certaine époque, Petrosen avait même un peu de mal à attirer des petites compagnies pour qu'elles viennent prendre possession des blocs pétroliers dans le domaine minier sénégalais. Cependant, cette époque de disette semble désormais révolue. L'État du Sénégal est désormais en position enviable et a vu arriver des « majors » pétrolières (BP, Total) ou des compagnies de taille respectable (Woodside) en plus de celles qui étaient déjà bien installées (Cairn Energy, Kosmos Energy, FAR). Il faut s'attendre à ce que d'autres compagnies pétrolières se présentent pour explorer le bassin sédimentaire sénégalais. Pour mieux organiser ces nouvelles arrivées, le nouveau Code pétrolier sénégalais devrait privilégier voire rendre exclusives les procédures d'appels d'offres. Cela permettrait à l'État de communiquer de manière transparente et régulière sur la situation du domaine minier national. Cela pousserait également les compagnies à rivaliser en termes de propositions sur leurs engagements de travaux (sismique, forages) et à l'État d'obtenir, in fine,

---

[1] DARMOIS, Gilles, 2013, *Le partage de la rente pétrolière, État des lieux et bonnes pratiques,* Paris, Editions Technip.

de meilleures conditions financières par le truchement de la mise en concurrence. Une phase de pré-qualification aux appels d'offres pourrait servir de filtre pour n'attirer que des compagnies sérieuses ayant les capacités financières et techniques requises. Un bonus de signature, absent de la législation de 1998 mais appliqué sur les nouveaux CRPP depuis 2012, devrait être officiellement intégré dans le nouveau Code pétrolier. Ce bonus est une somme payée par la compagnie pétrolière lorsqu'elle se voit octroyer un CRPP. S'il est introduit dans la nouvelle législation, il permettrait à l'État de gagner de l'argent dès la conclusion d'un appel d'offres. Cependant, il semblerait plus pertinent d'insister sur quelques critères simples tels que les engagements de travaux, la hausse des frais d'appui à la promotion/formation et surtout sur les engagements chiffrés à recruter du personnel national à tous les postes (cadres, techniciens, ouvriers) et des sous-traitants nationaux.

Proposition 5 - Réduire le temps d'exploration à 7 ans pour l'onshore et l'offshore peu profond à profond (1500 m d'eau)

Cette disposition a également pour but d'accélérer les opérations pétrolières et le turnover des compagnies pétrolières. Bien que la flexibilité de l'État sénégalais au début des années 2010 ait contribué aux récentes découvertes, l'État du Sénégal a récemment durci ses conditions de renouvellement de périodes de recherche. Un raccourcissement des périodes de recherche permettrait de faire venir des compagnies qui sont décidées à mener une vraie activité d'exploration. C'est notamment le cas de l'écossais Cairn Energy qui a réalisé son premier forage d'exploration moins d'un an après son arrivée sur le bloc de Sangomar offshore profond. Kosmos Energy a également mené une campagne sismique 3D importante (7000 km²) et réalisé son premier forage d'exploration en moins d'un an sur le bloc Saint-Louis offshore profond. Ainsi, une réduction de la durée maximale des phases d'exploration ne gênerait pas outre mesure les compagnies pétrolières sérieuses. Cette nouvelle organisation temporelle de l'exploration dans le cadre du CRPP pourrait se faire selon le schéma suivant : période initiale de recherche 2 ans, deuxième période de 3 ans, troisième période de 2 ans. L'offshore ultra profond, encore inconnu, pourra continuer de bénéficier d'une recherche maximale de 10 ans.

Sur le plan environnemental et social

Proposition 6 : Créer une redevance sociale et écologique pour avoir une RSE forte et un accès décentralisé à la rente pétrolière.

En cas de production, une innovation intéressante dans les CRPP consisterait à consacrer 3 à 4 % de la production par an à des travaux de RSE qui seront co-supervisés par le contractant et l'État. Ce prélèvement pourrait être baptisé « redevance sociale et écologique » et constituerait une réelle innovation quant au concept de redevance. Il permettrait en effet qu'une portion de la production et, par extension, de la rente pétrolière, soit directement réinvestie dans les communautés plutôt que d'être versée dans les caisses de l'État. En appliquant une telle mesure, le Sénégal serait l'un des rares pays africains à organiser, dans de telles proportions, un accès décentralisé à la rente pétrolière. Il apparaîtrait comme un pays soucieux de l'implication réelle des compagnies pétrolières dans le quotidien de ses populations. Toute compagnie souhaitant opérer au Sénégal devrait alors nouer des liens durables avec les communautés, via des associations, des collectivités locales et des universités et investir de manière responsable en mettant l'accès sur trois volets :

- les réalisations sociales et environnementales (infrastructures de santé, sportives, adaptation aux changements climatiques etc.) ;

- le financement de la recherche sur l'agriculture, les économies d'énergie et les énergies renouvelables en coopération avec les universités publiques ;

- le soutien à des projets portés par des PME/PMI qui permettront de créer des emplois durables déconnectés de l'industrie pétrolière.

30 % du montant de la redevance sociale et écologique pourraient aller aux régions où se déroulent les opérations pétrolières. Les 70 % restants seraient dépensés dans les autres régions du pays au nom de l'équité entre territoires et entre citoyens sénégalais. Les projets financés par la redevance sociale pourraient être validés par des comités RSE constitués par les divisions RSE des compagnies pétrolières, de Petrosen, de la Direction des hydrocarbures, du ministère en charge de l'Environnement et du ministère en charge de l'Economie et des

Finances au cours de réunions mensuelles ou trimestrielles. Le suivi de l'exécution des travaux serait assuré par les compagnies pétrolières et la Direction des hydrocarbures avec un appui des entités administratives des collectivités locales où sont réalisés les travaux.

Proposition 7 : Sanctuariser les zones à haute valeur écologique et économique (tourisme, pêche). Réglementer la surveillance des eaux et des espèces marines près des sites de production.

Avec les cartes de vulnérabilité écologique produites par le centre de suivi écologique (CSE), complétées par une cartographie des activités économiques côtières (tourisme, pêche), l'État du Sénégal pourrait décider de fermer certaines zones côtières à l'exploration-production. La zone maritime bordant le delta du Saloum, celle proche de la côte touristique de Ziguinchor et les premiers kilomètres au large des quais de pêche pourraient être interdits à l'exploration-production. Le Canada, l'Argentine et la Nouvelle-Zélande ont adopté avec succès de telles mesures[1].

La législation pétrolière pourrait également être complétée par une réglementation spécifique sur la surveillance de la faune marine et de la qualité de l'eau à proximité des installations de production. La façade maritime du Sénégal est ce qu'on appelle en géologie marine une zone d'« upwelling », c'est-à-dire une zone de remontée vers la surface des courants des fonds marins et de nutriments prisés par les poissons. Les zones d'upwelling sont parmi les plus poissonneuses au monde. Par ailleurs, la pêche au Sénégal employait en 2012, de manière directe et indirecte, près de 600 000 personnes dont 95 % d'informels[2]. En s'inspirant des exemples d'Israël ou de la Norvège et en étant plus contraignant sur les rejets d'eau de production, de pétrole et la surveillance des tankers qui rejettent illégalement leur carburant et huiles moteur, le Sénégal aurait de grandes chances de préserver ses côtes et son économie maritime.

---

[1] KLOFF, Sandra et Clive WICKS, 2004, *Gestion environnementale de l'exploitation de pétrole offshore et du transport maritime pétrolier*, UICN CEESP.
[2] PSE, Plan Sénégal Emergent, *Chapitre 1 Diagnostic économique et social, 1.2.3 Secteurs productifs*, République du Sénégal, p.29

Sur le plan de la transparence

Proposition 8 : Prévenir les conflits d'intérêts liés à la parenté

L'industrie pétrolière est très capitalistique. Elle commande des dépenses lourdes, durant presque toute la durée de vie d'un projet. De l'octroi du bloc au démantèlement d'installations de production, des autorisations doivent être signées par l'administration et des hauts responsables politiques en faveur de compagnies pétrolières, de sociétés de services parapétroliers et de sociétés de trading du pétrole brut. Afin d'éviter de voir se reproduire au Sénégal ce qui s'est produit dans beaucoup de pays pétroliers africains (Angola, Congo etc.), il faudrait introduire des restrictions sur la parenté entre les signataires de contrats pétroliers ou de marchés liés à des services pétroliers. Cette pratique peut sembler discriminatoire d'un point de vue constitutionnel (tous les Sénégalais étant égaux face aux lois de la République) mais elle se justifie également par la Constitution qui a consacré, lors de la révision par référendum de mars 2016, l'appartenance des ressources naturelles au peuple[1] et le devoir pour chaque citoyen de lutter contre la corruption et la concussion[2]. De plus, l'historique récent en Afrique et les pratiques à l'international plaident pour l'adoption d'une telle mesure. En effet, de nombreuses multinationales et organisations internationales se prononcent clairement en défaveur de la parenté dans leur processus de recrutement[3] et dans les relations hiérarchiques entre leurs employés. Ainsi, le Sénégal, dans son souci déclaré de transparence, pourrait introduire une disposition qui interdit aux autorités directement engagées dans les processus d'octroi et de renouvellement de contrats pétroliers ou de service, de signer des autorisations, arrêtés ministériels, décrets, contrats ou attributions de marchés dont le bénéficiaire serait une compagnie appartenant à, qui est dirigée par ou qui est représentée par un des membres du premier

---

[1] Constitution du Sénégal, article 25-1. « Les ressources naturelles appartiennent au peuple. Elles sont utilisées pour l'amélioration de ses conditions de vie. »
[2] Constitution du Sénégal, article 25-3. « Tout citoyen a le devoir de défendre la patrie contre toute agression et de contribuer à la lutte contre la corruption et la concussion. »
[3] Voir par exemple la politique de recrutement au sein l'International Finance Corporation (IFC) du groupe de la Banque Mondiale sur www.ifc.org

degré de leur famille c'est-à-dire : mère, père, fils, fille, sœur, demi-sœur, frère, demi-frère, tante, oncle, nièce, neveu.

Une telle disposition, si les juristes qualifiés sur la question pensent qu'elle peut être inscrite dans la loi pétrolière sans être anticonstitutionnelle, pourrait rendre l'industrie plus transparente et préserver le Sénégal de conflits d'intérêts.

Proposition 9 : Adopter une nouvelle loi anti-corruption et des procédures de contrôle renforcé dans les industries extractives

L'État du Sénégal devrait adopter une nouvelle loi anti-corruption très stricte fixant des sanctions exemplaires pour les représentants gouvernementaux et ceux des compagnies pétrolières en cas de corruption.

La définition de la corruption doit être élargie le plus possible et inclure toute forme de paiement, cadeaux, avantages en nature, dons, voyages qui pourraient être fournis par les compagnies pétrolières, les compagnies de trading pétrolier ou leurs responsables aux officiels et dirigeants sénégalais impliqués dans le pétrole, dans le but d'obtenir des avantages, facilités ou éviter des sanctions en relation avec leurs activités. La problématique de l'intermédiation devrait également y être abordée et se conclure par une position simple : aucun paiement, d'aucune nature, ne devrait être facilité par aucun intermédiaire. Les paiements de taxes et d'impôts doivent être rigoureusement définis, leurs destinataires institutionnels au sein de l'appareil d'État clairement identifiés et les procédures automatisées partout où elles pourront l'être.

Une telle loi devrait également clairement indiquer la responsabilité des compagnies en cas d'acte de corruption commis par l'un de leurs sous-traitants. Elles devront donc inclure dans tout contrat avec leurs sous-traitants la nécessité que ces derniers mènent un audit interne strict et qu'elles-mêmes puissent les contrôler via des audits externes conduits par des cabinets indépendants.

De son côté, l'État du Sénégal devrait également surveiller davantage la situation financière des dirigeants de sa compagnie nationale, de ses officiels gouvernementaux et toutes les parties prenantes potentiellement impliquées dans des processus de décision dans le secteur de l'amont pétrolier. La surveillance financière notamment, avec un monitoring régulier et annoncé des comptes bancaires par la CENTIF, devrait devenir une procédure normale et acceptée de tous. Enfin, l'État du Sénégal devrait rejeter toute demande d'entrée dans son domaine minier d'une compagnie dont l'actionnaire principal ou le représentant légal a déjà été condamné, ou est sous le coup d'une enquête en cours, pour fraude fiscale, corruption ou blanchiment d'argent dans un autre pays. Cette disposition obligerait les services de l'État concernés à mener de vraies enquêtes préliminaires et serait un signal fort envoyé aux compagnies peu sérieuses.

Pour rédiger une loi qui prendrait en compte tous ces éléments, l'État du Sénégal pourra s'inspirer de la loi anti-corruption britannique, la « UK Bribery act », qui est réputée être la loi anti-corruption la plus stricte au monde et à laquelle sont soumises toutes les compagnies britanniques évoluant à l'étranger. C'est notamment le cas de BP et de Cairn Energy.

Sur le plan du contenu local et de la préférence nationale

Proposition 10 : Mettre en place des incitations au contenu local et au recrutement de nationaux sénégalais.

Bien que le Code pétrolier de 1998 consacre déjà la préférence nationale (article 53), la nouvelle législation pétrolière devrait, à mon sens, introduire des dispositions supplémentaires poussant les compagnies pétrolières et les sociétés de services pétroliers à recruter des nationaux et à se fournir en biens ou en services auprès d'entreprises sénégalaises. Une étude détaillée des diverses stratégies employées par des pays producteurs à travers le monde a été réalisée par la Banque Mondiale[1]. Il ressort de ce travail de synthèse que beaucoup de pays producteurs mettent en place des indicateurs, des contraintes et des incitations pour encourager le contenu local. De telles politiques de contenu local ne sont pas toujours couronnées de succès car leur réussite dépend de la rigueur gouvernementale, de la disponibilité effective des compétences locales ou enfin du degré d'implication du

---

[1] TORDO, Silvana, Michael WARNER, Osmel E. MANZANO, and Yahya ANOUTI. 2013. *Local Content Policies in the Oil and Gas Sector*. World Bank Study. Washington, DC: World Bank.

secteur privé national. Dans un pays nouvellement producteur, ce secteur privé national doit en effet se mettre au niveau d'une industrie qui lui est souvent méconnue et dont les standards internationaux sont relativement élevés.

Malgré ces difficultés, le Sénégal pourrait s'inspirer des politiques de contenu local mises en place par des pays comme le Nigéria ou le Brésil, voire le Ghana qui est un producteur plus récent. Chacune des politiques de ces pays contient des éléments qui pourraient être intégrés au nouveau Code pétrolier sénégalais ou faire l'objet de l'adoption d'un texte réglementaire complémentaire. C'est ce qu'a fait le Ghana avec ses « règles sur le contenu local et la participation locale » adoptées en 2013 ou le Nigéria en 2010. Ces réformes pourraient également être inscrites dans les CRPP et/ou dans les plans de développement ou d'entrée en phase de production qui doivent être validés par l'État. Quelle que soit la forme légale retenue pour garantir un contenu local suffisant et des recrutements de nationaux, l'État du Sénégal pourrait, entre autres mesures :

- Allouer aux propositions de recrutement de nationaux un coefficient dans l'évaluation des dossiers de candidatures que les compagnies pétrolières souhaitant s'installer au Sénégal ont soumis suite à un appel d'offres. Ce coefficient lié au recrutement de nationaux vaut généralement entre 10 et 20 % de la note totale de chaque dossier de candidature ;

- Instaurer des taxes douanières plus élevées pour les machines prêtes à l'emploi que pour leurs composants et pièces détachées. Cela inciterait à la création d'unités locales d'assemblage recrutant du personnel local ;

- Réclamer, via des quotas, l'emploi progressif de nationaux dans les équipes locales à tous les niveaux de compétence (cadres, techniciens, ouvriers) selon un schéma du type : au moins 25 % de nationaux dans les effectifs en phase d'exploration, 40 % durant le développement, 60 % durant la production[1]. Ces chiffres semblent raisonnables pour un pays nouvellement producteur comme le Sénégal. De plus, ils

---

[1] En Azerbaïdjan, on trouve des quotas minimaux de 80 % de nationaux dans les compagnies et de leurs sous-traitants. Au Nigéria, ce chiffre monte à 95 %. Ces pays sont cependant matures et ont formé des générations de personnel pétrolier.

pousseront les compagnies pétrolières et leurs sous-traitants à assurer la formation continue et le recrutement de nationaux, notamment chez les cadres et les techniciens intermédiaires. En général, le cas des ouvriers pose moins de difficultés : 80 à 90 % des ouvriers sont recrutés localement car ils coûtent moins cher que des ouvriers internationaux. Cette mesure sur les quotas progressifs pourrait être intégrée dans les CRPP et sa mise en œuvre devra être suivie par la Direction des hydrocarbures ou l'Inspection du travail. Des sanctions graduelles (rappels à l'ordre, avertissements, amendes, retrait de permis si récidive) seraient appliquées en cas de manquements ;

- Instaurer dans les appels d'offres des tarifs préférentiels pour les sous-traitants nationaux qui pourront soumettre des offres de 10 à 20 % au-dessus des prix proposés par des sous-traitants internationaux comme le fait le Brésil. En contrepartie, imposer aux sous-traitants sénégalais la certification indépendante de la qualité des matériels ou services qu'ils fournissent par des organismes habilités. Cela permettrait à la fois de protéger les sous-traitants nationaux tout en leur imposant de se mettre au niveau des standards internationaux et rassurerait les compagnies pétrolières ;

- Limiter les conditions d'expérience contraignantes pour les candidatures de sous-traitants locaux. Demander à un sous-traitant sénégalais d'avoir 7 ans d'expérience avérée dans la fourniture de matériels et services pétroliers alors que le Sénégal n'a jamais produit de pétrole peut handicaper les entreprises sous-traitantes du secteur privé national. Cela exclurait des marchés beaucoup d'entreprises neuves. Celles-ci pourraient pourtant être fondées par des Sénégalais expatriés et expérimentés désireux de rentrer au pays. Elles peuvent également naître de l'initiative de Sénégalais vivant localement et ayant trouvé des partenaires fiables pour monter des entreprises de sous-traitance avec du personnel qualifié.

8.3 - Bien utiliser les revenus du pétrole et du gaz

Les revenus du pétrole et du gaz rapporteront vraisemblablement à l'État du Sénégal plusieurs centaines de milliards FCFA par an sur 20 à 30 ans. Disposer d'un tel revenu demande peu d'efforts comparativement à ceux qu'il faudrait déployer pour percevoir des taxes douanières ou collecter l'impôt sur les sociétés auprès de toutes les entreprises formelles et informelles du pays. La tentation est donc grande d'investir cet argent obtenu « facilement » (les guillemets ont leur importance ici) dans des projets d'infrastructures imposantes ou dans des politiques de subvention trop hardies de certains secteurs comme l'électricité ou les carburants. Sur ce dernier point en particulier, la plupart des pays producteurs de pétrole qui ont largement subventionné les carburants se sont retrouvés dans d'énormes difficultés financières et sociales lors des périodes de baisse des prix du baril de pétrole. Pour preuve, le Venezuela, qui avait utilisé à bon escient une partie de ses revenus pétroliers dans l'éducation et la santé, s'est empêtré dans une politique de subvention excessive du carburant. Pendant plusieurs années, le prix de l'essence y était de... cinq (5) FCFA, c'est-à-dire moins cher qu'un litre d'eau et environ 140 fois moins cher qu'un litre d'essence au Sénégal[1]. Suite à la baisse durable des prix du baril de pétrole depuis 2014, le chef de l'État vénézuélien, Nicolas Maduro, conscient de l'impossibilité pour l'État de continuer à subventionner l'essence à de tels niveaux, a annoncé en février 2016 une hausse de 6000 % de son prix. Cette hausse faisant passer le litre d'essence de 5 à 330 FCFA est venue exacerber des tensions préexistantes entre le parti au pouvoir et l'opposition. Au final, ce « sacrifice » demandé par le Président Maduro a été plus ou moins accepté par la population mais une précédente tentative de hausse des prix en 1989 avait donné lieu à des émeutes violentes ayant entrainé la mort de centaines de personnes à cause de la répression policière. Sans arriver à de tels extrêmes, le Tchad s'est déclaré en faillite durant le second semestre 2017 en raison d'investissements parfois non indispensables financés par un endettement devenu étouffant. Ce pays

---

[1] Les prix du carburant au Sénégal sont fixés par l'État. Au 01/01/2018 ils s'établissent comme suit : 695 FCFA/litre pour l'essence super sans plomb, 595 FCFA/litre pour le diesel.

se retrouve aujourd'hui englué dans de grandes difficultés économiques et sociales, pris à la gorge par ses dettes et une population qui se démène au milieu de ces difficultés. En Algérie, l'essence coûtait en 2016 à l'État 4 fois plus que le prix réel par le consommateur à la pompe, ce qui devient un véritable poids pour les finances publiques algériennes.

Les paragraphes suivants présenteront de manière argumentée les erreurs que l'État du Sénégal devra éviter et, à contrario, ce qu'il pourrait faire pour satisfaire la demande sociale tout en se prémunissant de remous futurs. Nous examinerons également l'impérieuse nécessité qu'il y a à inscrire le Sénégal dans une nouvelle dynamique énergétique et écologique. C'est en effet à cette condition que le pays pourra respecter ses engagements internationaux et affronter le monde de demain. Un monde qui laisse poindre de nombreuses turbulences et qui nécessite que nous modifiions l'organisation de nos villes, que nous soutenions la création d'emplois durables dans l'agriculture, que nous développions des interconnexions énergétiques avec les pays voisins, que nous réduisions nos rejets de gaz à effet de serre et la pression sur les forêts exercée principalement par la coupe du bois de cuisson.

8.3.1 - Les erreurs qu'il faut éviter de commettre

Erreur n°1 : Subventionner le prix de l'essence

Aussi paradoxal que cela puisse paraître, les subventions aux prix de l'essence sont une chose qu'un pays producteur de pétrole doit éviter de faire. Pour le cas spécifique du Sénégal, plusieurs arguments justifient une telle position qui peut sembler radicale.

Tout d'abord, une subvention qui baisserait trop le prix du carburant favorisait le gaspillage d'une telle ressource. En effet, l'usage des groupes électrogènes et surtout celui des voitures individuelles ayant des moteurs peu efficaces serait probablement en hausse. Or, cela irait à contre-courant des efforts de sobriété énergétique à opérer par l'État du Sénégal.

En outre, un prix bas du carburant devient très rapidement un acquis social sur lequel il est difficile de revenir lorsque les revenus du pétrole et du gaz deviennent moins importants, et ils le deviendront irrémédiablement (cf. notions de « pic de production » et de « déplétion »). Si les prix de l'essence sont artificiellement maintenus bas pendant 5 à 10 ans, et qu'une hausse est ensuite annoncée, les Sénégalais pourraient se révolter en pensant que l'État essaie de les priver d'un acquis social et veut leur faire payer les conséquences d'une éventuelle mauvaise gestion des revenus. Et comme au Venezuela en 1989, ces révoltes pourraient être violentes.

Enfin, une telle baisse serait socialement injuste dans un pays comme le Sénégal. En d'autres termes, elle ne profiterait qu'à une minorité de citoyens, principalement les urbains et parmi eux, ceux qui disposent d'une voiture individuelle. Elle avantagerait également une partie des transporteurs privés qui n'évoluent pas dans le transport des personnes et dont les gains découlant d'un carburant peu cher ne seraient pas forcément répercutés sur le prix de leurs produits. L'ANSD, dans son enquête démographique et de santé continue 2014[1], évaluait le pourcentage de ménages disposant d'un moyen de transport motorisé (voiture, camion, motocyclette, scooter) à un peu moins de 20 %. Cela signifie que 80 % des ménages sénégalais ne disposaient pas de véhicules nécessitant une consommation de carburant. Ces 80 % non motorisés se répartissent en deux groupes : un groupe de 35 % de ménages qui possèdent une bicyclette (vélo) ou une charrette, principalement dans les zones rurales, et 45 % de ménages restants qui ne disposent d'aucun moyen de locomotion propre. Une baisse du prix du carburant pourrait certes faire baisser le coût des transports en commun mais il ne favorisait pas leur développement vis-à-vis des moyens de locomotion individuels. Si le Sénégal veut désengorger ses villes, désenclaver ses campagnes et surtout réduire la fracture sociale qui existe dans la liberté et les possibilités de mouvement, il doit développer des transports en commun urbains et ruraux de qualité plutôt que de subventionner le prix du carburant. Les Sénégalais dans leur ensemble seraient probablement plus satisfaits de disposer de transports en commun confortables, réguliers et sécurisés plutôt que d'avoir un carburant moins cher qui augmenterait mécaniquement les embouteillages. Ces derniers sont déjà légion à Dakar et dans les villes.

[1] ANSD, Agence nationale de la statistique et de la démographie, 2014, *Enquête démographique et de santé continue 2014 (EDS-continue 2014)*, ministère de l'Economie, des Finances et du Plan, République du Sénégal.

La diminution du prix de l'essence augmenterait très certainement le nombre d'accidents de motocyclettes de type « Jakarta » dans les banlieues et dans les campagnes. Cela signifie-t-il pour autant que le prix du carburant doit rester inchangé ? On peut penser que non, lorsque l'on analyse la structure du prix du gasoil qui est, avec l'essence super, le principal carburant utilisé au Sénégal. Dans un article paru dans la presse nationale en janvier 2016, l'économiste sénégalais Jean-Pierre Noel revenait sur cette structure du prix du gasoil. C'est-à-dire l'ensemble des taxes et prélèvements qui s'appliquent sur le prix du gasoil à la pompe. Celui se décompose de la manière suivante :

Paramètre ou taxe	Pourcentage du prix
Prix du produit importé	28,5 %
Transport, stockage, distribution	13,2 %
Fonds de soutien à l'importation des produits pétroliers (aide à la SAR)	20,9 %
Prélèvement pour le soutien de l'Energie (aide à la SENELEC)	3,1 %
Taxe sur la valeur ajoutée (TVA)	14,9 %
Droits de porte	3,1 %
Taxe spécifique sur les produits raffinés	16,3 %
TOTAL	**100 %**

Tableau 9 : Structure des prix du carburant au Sénégal (Jan 2016). Source : J.P. Noel, 2016

A la lumière de cette structure des prix, on s'aperçoit que l'essentiel du prix payé à la pompe par le consommateur est composé de taxes dont certaines pourraient être réduites. En effet, dans un pays qui se destine à une gestion plus rigoureuse de ses entreprises publiques (SENELEC et SAR) et qui, d'ici 2025, pourrait produire la totalité des produits raffinés dont il a besoin, certaines taxes pourraient être raisonnablement revues à la baisse voire être supprimées lorsqu'elles sont liées à l'importation. Le détail de cette restructuration des taxes va cependant au-delà de l'objet de cet ouvrage tant les paramètres à prendre en compte sont nombreux (avenir de la SAR, construction ou pas d'une nouvelle raffinerie, taille éventuelle de cette raffinerie etc.). Elle devra être traitée par les agents de l'État et prévisionnistes techniques et économistes compétents en la matière.

Erreur n°2 : S'endetter pour des projets d'envergure non productifs en tablant sur des prix hauts du baril.

Outre la fausse bonne idée de la subvention des prix de l'essence, l'autre faute que pourrait commettre l'État du Sénégal serait de s'engager dans des projets d'envergure, en matière d'infrastructure notamment, avec un endettement dont la garantie en cas de non-remboursement serait ses ressources pétrolières ou gazières. L'exemple du Tchad est là pour rappeler que la vérité d'un jour n'est pas celle du lendemain en matière de prévisions économiques basées sur les revenus pétroliers.

Cette question reste malgré tout délicate. Un hôpital public n'est pas censé faire gagner de l'argent à l'État ; il demeure néanmoins indispensable pour soigner la population et lui permettre de se sentir protégée, d'enrichir sa vie sociale ou encore de produire de la richesse en travaillant. Ainsi, il sera difficile pour l'État du Sénégal, pays dont le système de santé connait depuis des décennies de grandes difficultés, de ne pas investir une partie de l'argent du pétrole dans la construction de nouvelles infrastructures de santé ou le renouvellement de ses vieux hôpitaux, centres de santé etc. Il en est de même pour l'éducation avec des besoins importants en infrastructures et en équipement.

Ce qu'il s'agit d'éviter ici, ce sont plutôt les extravagances architecturales, la construction de nouveaux et coûteux bâtiments administratifs, ou le bitumage excessif de routes qui ne seront pas employées à un rythme soutenu. Une telle erreur a été commise par le Tchad, pays francophone d'environ 12 millions d'habitants entièrement situé sur la terre ferme, balayé par les vents secs entre Sahara et Sahel. Les premiers barils de pétrole brut sont sortis du sous-sol tchadien en 2003 et la production pétrolière tchadienne a toujours été supérieure à 100 000 barils par jour entre 2004 et 2012, période où le prix du baril est progressivement allé à la hausse pour atteindre des sommets historiques avec une valeur de 111 dollars en 2012. Le Tchad, de par son système d'octroi de blocs pétroliers, ses niveaux de production, sa population et son indice de développement humain, se rapproche sous plusieurs aspects du Sénégal. Il peut être vu par le Sénégal comme un champ d'expérimentation récent en grandeur nature de la manière dont les revenus pétroliers ont été réinvestis pour satisfaire la demande sociale et en infrastructures.

Tablant sur une hausse des prix du baril, le Tchad a emprunté de l'argent à des groupes de négoce pétrolier et s'est lancé dans d'ambitieux projets d'infrastructures et un renforcement de ses capacités militaires. Suite à la baisse durable des prix du baril à partir 2014, le Tchad, qui s'était reposé sur ses revenus pétroliers, s'est retrouvé en quasi-situation de faillite et voit sa part de pétrole devant lui revenir de droit aller directement dans le remboursement de ses dettes. Les conséquences sociales et économiques d'une telle situation sont sans appel : fonctionnaires non rémunérés, dépenses publiques essentielles réduites etc.

Les gouvernements sénégalais, en s'appuyant sur l'exemple tchadien et sur tant d'autres, devront toujours garder à l'esprit que toute dépense excessive et superflue sera payée, et parfois dans des conditions difficiles, par les Sénégalais qui vivront dans 15, 20 ou 30 ans. Certes ces ressources appartiennent d'une part aux compagnies qui en ont assumé le risque d'exploration et les investissements de production, d'autre part à l'État. Il faut également rappeler qu'elles appartiennent à toutes les générations de Sénégalais, y compris ceux qui se trouvent aujourd'hui en bas âge et ceux qui ne sont pas encore nés. Toute décision d'investissement de l'État devra donc faire l'objet d'un arbitrage rigoureux entre ce qui est nécessaire et ce qui ne l'est pas, ce qui est durable et ce qui ne l'est pas.

Erreur n°3 : Directement redistribuer une partie des revenus du pétrole et du gaz à la population

Le Sénégal étant un pays « pauvre », lorsque l'on considère le critère du PIB/habitant, grande serait la tentation de redistribuer une fraction des revenus du pétrole et du gaz à la population. Cette redistribution pourrait se faire par une augmentation soudaine et conséquente des salaires des fonctionnaires, une hausse généralisée des bourses des étudiants, une augmentation des bourses familiales etc. De telles décisions, bien que tentantes pour tout gouvernement voulant s'assurer la paix sociale et des gains électoraux, seraient pourtant contreproductives à plus d'un point.

Le premier risque associé à une telle démarche est, comme dans le cas des subventions du carburant, que l'État ne puisse plus continuer à assurer de telles prestations en cas de baisse rapide des prix du baril.

Le second risque est de transformer les revenus pétroliers et gaziers qui sont, par définition, limités dans le temps, en une multitude de petits revenus supplémentaires qui seront dépensés dans la consommation du quotidien ou de loisir. Non seulement une telle « bulle de revenus » risque d'éclater un jour mais elle ressemblerait en tous points, dans son utilisation, à l'argent envoyé par les émigrés sénégalais à leurs familles restées au Sénégal. Cet argent étant essentiellement utilisé à des fins de consommation.

Malgré les substantiels revenus pétroliers et gaziers qu'il percevra, l'État doit se refuser de devenir une source supplémentaire d'argent obtenu sans efforts, ni projets structurants. L'on pourra rétorquer que le pétrole et le gaz découverts au Sénégal appartiennent aux Sénégalais, aussi bien d'un point de vue symbolique que légal, et qu'ils peuvent donc en jouir comme bon leur semble. Cependant il ne faut pas oublier que l'État a pour mission d'organiser les règles de la vie économique et en société pour que, sur le long terme, chacun puisse devenir autonome et puisse, dans le même temps, bénéficier de services publics de qualité. Pour arriver à cela, il faut générer de la richesse, payer des impôts et créer des emplois. Il faut donc réinjecter ces revenus dans des projets de l'État à forte intensité de main d'œuvre ou soutenir des initiatives économiques privées nationales.

8.3.2 - Ce qui pourrait être fait des revenus pétroliers et gaziers

L'essentiel des revenus pétroliers iront dans les caisses de l'État. En effet, la part des revenus qui est captée par le secteur privé (sous-traitants locaux etc.) reste relativement faible comparée à la part des revenus de l'État. Au Sénégal, cet afflux de revenus dans les caisses de l'État servira en partie à la dépense publique mais il devra également être réinjecté de manière intelligente dans l'économie nationale avec des choix stratégiques clairs ayant un impact durable économiquement et écologiquement. Cela permettra au Sénégal d'éviter, tel qu'évoqué dans les enjeux économiques, d'être victime de la « maladie hollandaise » ou de reproduire les erreurs d'un pays comme le Tchad. Le COS-PETROGAZ est chargé de définir, en relation avec le ministère en charge de l'Energie ou du Pétrole, les orientations stratégiques prises par l'État du Sénégal quant à l'utilisation de ces revenus. Ces orientations stratégiques sont résumées dans un plan directeur dont la réalisation est notamment appuyée par des experts recrutés grâce au financement de la Banque Mondiale évoqué au chapitre 4. Il aboutira sur un projet de loi organisant dans le détail et sur la durée l'utilisation des revenus pétroliers. Quelques options sont d'ores et déjà retenues. En effet, d'après les interventions de divers officiels sénégalais[1] depuis les découvertes d'hydrocarbures en 2014 et 2015, l'État du Sénégal prévoit d'investir les revenus pétroliers dont il disposera dans l'augmentation des capacités de raffinage du pays et allouera une partie de ces revenus au Fonds souverain d'investissements stratégiques (FONSIS). Allant respectivement dans le sens d'une plus grande indépendance énergétique et d'une gestion durable des revenus pétroliers, ces orientations stratégiques pourraient être complétées par d'autres décisions. L'État pourrait ainsi inciter au développement d'une industrie pétrochimique locale pour encourager la production d'engrais (issus du gaz naturel) et de médicaments (issus des produits du raffinage du pétrole brut). L'argent du pétrole pourrait aussi être utilisé pour aider au développement d'un tissu de PME/PMI dans la transformation agro-industrielle.

---

[1] Ces officiels étant le Président de la République, le Ministre de l'Energie et du développement des énergies renouvelables, le Directeur général de la SAR, le Directeur général de Petrosen entre autres.

Etudions plus en détail chacune de ces options stratégiques, celles déjà annoncées par les officiels sénégalais et celles proposées ci-dessus.

Orientation 1 : Augmenter les capacités de raffinage du Sénégal

De 185 milliards de FCFA en 2000, la facture pétrolière du Sénégal a atteint 384 milliards de FCFA en 2006, puis 621 milliards de FCFA en 2010 et s'élevait à 750 milliards en 2012. Elle connait un repli depuis la baisse des prix du baril en 2014 mais les tonnages importés sont en hausse. Cette facture pétrolière se décompose en deux principaux postes de dépenses qui sont : l'achat de pétrole brut destiné à être raffiné par la SAR et l'achat de produits pétroliers finis destinés à combler l'insuffisance de la production raffinée de la SAR.

Pour réduire cette facture pétrolière, l'État du Sénégal a décidé d'augmenter les capacités de raffinage dont dispose le pays. Concrètement, cela revient à développer les capacités de raffinage de la SAR ou à construire une nouvelle raffinerie, gérée par la SAR ou non. L'actuel et seul site de raffinage de la SAR est situé à Mbao (région de Dakar). Fonctionnel depuis 1963, il couvre une superficie de 32 hectares et s'est retrouvé, suite à une rapide croissance urbaine, entouré de nombreux quartiers. Cette situation rend difficile une éventuelle extension du site de Mbao. Celui-ci dispose d'une capacité de traitement 1,2 millions de tonnes alors que les besoins du Sénégal s'élevaient à 2,2 millions de tonnes en 2016[1]. La production réelle de la SAR s'élevait en 2016 à un peu plus d'un million de tonnes, une nette progression par rapport aux années précédentes. Malgré ces progrès, ce million de tonnes produit laisse un déficit d'un peu plus de 1,1 millions de tonnes de produits finis qui ont dû être importés.

Ce déficit chronique avait poussé la SAR en 2011 à adopter un plan d'extension et de modernisation (PEMS) qui devait lui permettre de passer d'une capacité de 1,2 millions de tonnes à 3 voire 4 millions de tonnes. Cependant, la mise en œuvre de ce plan a pris du retard et la SAR a adopté un nouveau plan stratégique pour la période 2020-2025 où elle prévoit d'augmenter ses capacités et d'acquérir de nouvelles

---

[1] ANSD, Agence nationale de la statistique et de la démographie, *Note d'analyse du commerce extérieur édition 2016 (NACE 2016)*, ANSD, ministère de l'Economie des Finances et du Plan, République du Sénégal, p.22-24.

technologies lui permettant de respecter les spécifications de l'association africaine des raffineurs (ARA). Celle-ci fixe l'adoption de nouvelles normes (AFRI-4 2020 et AFRI-5 2030) qui amélioreront la qualité des carburants et les rendront moins polluants, avec notamment de plus faibles teneurs en soufre[1].

La SAR devra donc se moderniser et peut-être s'agrandir. L'État du Sénégal, actionnaire de la SAR à travers Petrosen, a décidé de construire une nouvelle raffinerie. Selon les objectifs poursuivis, cette raffinerie pourrait avoir une envergure sous-régionale avec une capacité de production qui se situerait entre 6 et 8 millions de tonnes. Elle couvrirait alors la demande en produits pétroliers des pays limitrophes du Sénégal, demande qui s'élevait en 2015 à 1,1 millions de tonnes pour le Mali, 0,8 millions de tonnes pour la Guinée, idem pour la Mauritanie, 0,2 millions de tonnes pour la Gambie et 0,15 pour la Guinée Bissau[2]. Au total, le Sénégal et ses pays limitrophes affichaient en 2015-2016 une demande totale de 5,3 millions de tonnes.

En tablant sur une hausse annuelle moyenne de 4 % de la demande[3], celle-ci pourrait atteindre un total de 6,8 millions de tonnes en 2035 pour les pays limitrophes du Sénégal. La demande interne du Sénégal en 2035 pourrait quant à elle atteindre environ 4,8 millions de tonnes. Il est évident que le Mali, la Guinée, la Guinée-Bissau, la Gambie et la Mauritanie n'achèteront pas tous leurs produits pétroliers au Sénégal. Mais avec une raffinerie de 6 millions de tonnes, en plus des capacités actuelles de la SAR, le Sénégal couvrirait la totalité de ses besoins (3,3 millions de tonnes en 2025, environ 4,8 millions de tonnes en 2035) et disposerait de capacités excédentaires pour satisfaire une partie de la demande de ses voisins.

---

[1] Voir site web de l'association des raffineurs africains (ARA) : www.afrra.org
[2] Données diverses issues de la CIA, de l'Office national des pétroles de Guinée (ONAP-Guinée), de l'Office national des produits pétroliers du Mali (ONAP-Mali)
[3] Un taux d'accroissement moyen de 4 à 5 % de la demande en produits pétroliers a été observé sur le gasoil et l'essence au Sénégal (AEME, SMES 2015) et sur la demande en produits pétroliers au Mali. Hypothèse conservée pour la sous-région.

Afin de soulager la trésorerie nationale et d'accompagner la demande de manière prudente, cette nouvelle raffinerie d'une capacité hypothétique de 6 millions de tonnes pourrait être construite en deux phases de 3 millions de tonnes chacune. De nombreux paramètres déterminent le coût de construction d'une raffinerie. Il s'agit, entre autres, de la superficie du site de la raffinerie, son unité de fourniture d'énergie, les technologies et équipements utilisés au sein de la raffinerie, son emplacement, son réseau de pipelines, sa capacité de production etc. Des spécialistes bien plus qualifiés effectueront le calcul détaillé pour déterminer le prix de la construction d'une raffinerie de 3 millions de tonnes au Sénégal et en étudieront la rentabilité éventuelle. Cependant, l'actualité récente en Afrique montre que la construction d'une raffinerie de 3 millions de tonnes en Ouganda est évaluée à environ 4 milliards de dollars. Un tel montant, colossal, s'il devait être investi dans une nouvelle raffinerie au Sénégal, pourrait être supporté par un partenariat public-privé et un investissement minoritaire des États voisins du Sénégal, comme l'Ouganda l'a fait avec le Kenya. La construction d'une telle raffinerie pourrait durer entre 4 et 6 ans si l'on se fie aux délais de construction de raffineries dans le monde. Lancée en 2020, elle pourrait s'achever par exemple en 2025. Cette nouvelle raffinerie, avec cette première phase de 3 millions de tonnes, serait alors opérationnelle peu de temps après le début de la production du pétrole brut au large de Sangomar.

L'État du Sénégal pourrait moderniser le site actuel de la SAR pour lui permettre de produire des carburants aux normes AFRI-4 et AFRI-5 et rénover son réseau de pipelines. Il pourrait également conduire les études de faisabilité et étudier la structure du financement qui permettrait de construire la première phase de sa nouvelle raffinerie avec une capacité initiale de 3 millions de tonnes à l'horizon 2025. Au total, le Sénégal pourrait donc disposer d'une capacité totale de raffinage de 4,2 millions de tonnes à l'horizon 2025, ce qui couvrirait ses besoins en totalité.

Une seconde phase financée par les revenus du pétrole et du gaz, pourrait permettre d'augmenter, si nécessaire, les capacités nationales de raffinage de 3 millions de tonnes supplémentaires, ce qui permettrait d'atteindre 7,2 millions de tonnes à l'horizon 2035.

L'État du Sénégal peut également décider de construire une raffinerie de taille intermédiaire (4 millions de tonnes) dont la rentabilité serait davantage garantie. Quoi qu'il en soit, toute option stratégique devra faire l'objet d'arbitrages rigoureux, éclairés par l'avis d'experts internationaux et de prévisionnistes financiers. Ces choix futurs gagneraient également à s'appuyer sur l'expérience solide du personnel de la SAR.

Orientation 2 : Allouer une partie des revenus au FONSIS

Prenant exemple, entre autres, sur le cas remarquable et plutôt exceptionnel de la Norvège, le Sénégal a annoncé vouloir loger une partie de ses revenus pétroliers et gaziers au niveau de son Fonds souverain d'investissements stratégiques (FONSIS).

Le rôle du FONSIS, en tant qu'instrument d'investissement des revenus du pétrole et du gaz, sera crucial. En effet, l'afflux d'argent dans une économie qui n'est pas assez préparée à le recevoir - et on peut penser que c'est un peu le cas du Sénégal de 2018 - peut grandement perturber l'économie nationale s'il est mal investi. Le FONSIS, créé par la loi 2012-34 du 31 décembre 2012 et ayant démarré ses activités en octobre 2013, a déjà investi des sommes conséquentes dans plusieurs projets d'envergure (agroalimentaire, énergie, produits médicaux etc.). Son renforcement institutionnel et humain, en plus de l'afflux d'une partie des revenus pétroliers, pourrait démultiplier sa capacité d'investissement. Avec des investissements judicieux, le FONSIS permettra de transformer ces revenus pétroliers, par essence éphémères et volatils, en revenus durables grâce à l'accompagnement de projets dans l'économie réelle. Ces investissements seront également un moyen de transférer à des entrepreneurs locaux ou étrangers installés au Sénégal, une partie de la rente pétrolière.

Le FONSIS gagnerait également à investir à l'étranger, dans des entreprises éthiques, une partie des revenus pétroliers et gaziers qu'il recevra de la part de l'État, d'autant plus que la loi 2012-34 l'y autorise. En effet, investir à l'étranger une partie de la rente pétrolière est un moyen efficace de la faire fructifier. Cela permettrait d'ailleurs au FONSIS de remplir une de ses missions qui est « d'investir et de préserver des réserves financières importantes pour les générations futures » tel que libellé dans l'exposé des motifs de la loi 2012-34. L'investissement à l'étranger peut sembler contre-intuitif, tant la logique voudrait que la totalité des revenus tirés du pétrole et du gaz soient réinvestis dans le pays. Cependant, beaucoup de pays ont adopté une telle démarche et les résultats sur deux ou trois décennies ont fini par leur donner raison. Le Koweït a par exemple investi dès les années 1950 une partie de ses revenus pétroliers à l'étranger, en Grande-Bretagne et aux USA notamment. En 1976, ce petit État voisin de l'Arabie Saoudite a créé un fonds pour les générations futures en y investissant initialement 7 milliards de dollars et en prenant la résolution d'y investir 10 % de ses revenus pétroliers annuels. Après plusieurs investissements dans l'industrie au Japon, en Allemagne et aux USA, et malgré le contre-choc pétrolier de 1986, le fonds souverain koweitien pour les générations futures réussit à générer 6,3 milliards de dollars en 1987 tandis que la rente pétrolière directe ne lui rapportait « que » 5,4 milliards de dollars la même année. Cette stratégie d'investissement à l'étranger s'est par ailleurs révélée heureuse lorsque le Koweit a été envahi par l'armée irakienne sur ordre du Président Sadam Hussein lors de la première guerre du Golfe de 1991. Sa production pétrolière bloquée et son économie paralysée, le gouvernement koweitien s'est alors appuyé sur ces investissements à l'étranger pour participer à l'effort de guerre mené par la coalition internationale « tempête du désert ». Cet argent lui a également servi pour la reconstruction nationale après sa libération.

L'exemple koweitien, bien qu'édifiant, ne saurait pourtant rivaliser avec le cas norvégien. En effet, ce pays scandinave a adopté une stratégie radicale de gestion de ses revenus pétroliers à travers son fonds souverain de gestion du pétrole créé en 1990 et renommé « Government Pension Fund Global » (GPFG) en 2006. Placé sous la tutelle du ministère des Finances tout comme l'est le FONSIS, le GPFG norvégien est géré par la Banque d'investissement nationale de Norvège et a un fonctionnement très particulier. Il reçoit ainsi 100 % des revenus pétroliers de l'État norvégien. En retour, l'État norvégien ne peut en utiliser au maximum que 4 % par an pour assurer ses dépenses courantes et ses investissements dans la santé, l'éducation[1] etc. De plus, le GPFG n'a pas le droit d'investir le moindre centime en Norvège. La loi l'oblige en effet à investir systématiquement en dehors du pays afin d'éviter la hausse des prix dans le pays (inflation), le gaspillage des revenus pétroliers. Cela oblige les norvégiens à payer le juste prix des carburants[2] et pousse les entreprises à gagner en compétitivité sans la perfusion artificielle de l'argent du pétrole. Enfin, la structure des investissements du GPFG norvégien est définie par la loi : 60 % des investissements du GPFG doivent aller dans l'actionnariat d'entreprises, 35 à 40 % dans des bons du trésor (sortes d'emprunts réalisés par des États ayant besoin d'argent) et des obligations privées et enfin, jusqu'à 5 % dans l'immobilier. De plus, chaque investissement significatif devant être réalisé par le GPFG est débattu, parfois avec passion, au parlement norvégien. En 2015, 90 % des investissements du GPFG étaient concentrés aux USA, en Europe et au Japon, avec cependant, une part grandissante d'investissements dans les marchés dits « émergents » (Moyen-Orient, Amérique latine, Maghreb)[3]. Grâce à ce management unique, considéré, et de loin, comme le meilleur au monde dans les ressources naturelles[4], et à l'extrême diversification des secteurs où il investit, le GPFG a accumulé des réserves financières qui atteignaient près de 900 milliards de dollars en 2015, soit plus de deux fois le PIB de la Norvège. Comment la Norvège a-t-elle réussi à si bien gérer ses revenus pétroliers tandis que la plupart des pays producteurs de pétrole, notamment en Afrique, ont échoué ? La première réponse est politique : très tôt, dès les années 1970, les acteurs politiques norvégiens ont convenu de ne pas parler de pétrole durant leurs campagnes électorales. Cette situation, possible dans un pays qui disposait d'une faible population qui bénéficiait déjà à l'époque d'un bon niveau de vie, est difficilement tenable dans un pays comme le Sénégal. En effet, au vu de la pression sociale pesant sur tout gouvernement

---

[1] L'éducation est publique et entièrement gratuite en Norvège, de la maternelle à l'Université.

[2] Les taxes sur les produits pétroliers en Norvège, en particulier sur l'essence, sont parmi les plus élevées en Europe.

[3] NORGES BANK INVESTMENT MANAGEMENT, 2016, *Government Pension Fund Global - annual report 2015*, Oslo, Norges bank investment management.

[4] Voir le site web de l'institut d'observation de gestion des revenus : www.revenuewatch.org

d'Afrique subsaharienne d'une part et la vigilance justifiée de l'opposition après de multiples exemples de mal gouvernance sur le continent d'autre part, la gestion des ressources naturelles a été, demeure et continuera d'être un sujet politique important dans notre pays. Les acteurs gagneraient en revanche à y apporter de la sérénité et à toujours informer juste lorsqu'ils sont de l'opposition et à agir dans la transparence la plus totale et avec une démarche inclusive lorsqu'ils sont au pouvoir. Le Sénégal entier bénéficierait de telles attitudes de même que ses partenaires internationaux. Outre cet accord tacite des acteurs politiques durant les premières années, l'État norvégien s'est avant tout évertué à développer une solide et compétente industrie de sous-traitance plutôt que de consommer ses revenus ou de les redistribuer de manière trop généreuse. Cela lui a permis de faciliter l'emploi de plusieurs dizaines de milliers de personnes au sein d'entreprises disposant de carnets de commande remplis, et qui, à la longue, ont pu développer une vraie expertise qui a été sollicitée par d'autres pays producteurs de pétrole[1]. D'autres facteurs plus conjoncturels comme l'augmentation de la production norvégienne entre 1990 et 2000 et la flambée des prix du pétrole entre 2004 et 2012, ont également aidé le GPFG à agrandir la taille de son « trésor de guerre » pétrolier.

Et le FONSIS dans tout cela ? Il pourrait s'inspirer du GPFG en logeant dans son fonds pour les générations futures la part des revenus pétroliers et gaziers que l'État lui allouera. Malgré les urgences concernant l'électrification rurale, la santé, l'éducation et tant d'autres secteurs, l'État du Sénégal pourrait placer au FONSIS entre 20 et 30 % de ses revenus annuels tirés du pétrole et du gaz. Ces revenus pourraient être investis par le FONSIS en partie dans l'économie nationale (banques, immobilier, énergie, agriculture, petite industrie) et en partie à l'étranger, selon un ratio qu'il faudra déterminer. L'article 10 de la loi 2012-34 créant le FONSIS dispose que l'État, malgré son statut d'actionnaire, ne peut toucher les réserves du FONSIS pendant les 10 premières années de son existence. Une décision audacieuse, inspirée en partie du GPFG norvégien et s'inscrivant dans l'esprit de cet article

---

[1] TORRES, César Said Rosales, 2015, *Norway's oil and gas sector: How did the country avoid the resource curse?* , Revista tempo do mundo, p.93-107.

10, serait de mettre une disposition spéciale interdisant à l'État du Sénégal, quels que soient les dirigeants en place, de toucher la réserve des revenus pétroliers logés au FONSIS pendant 25 ans à partir de la première allocation, c'est-à-dire quand la production de gaz débutera en 2021. En faisant voter une telle disposition par l'Assemblée Nationale et en ne la rendant modifiable que par voie référendaire, avec une clause de stabilité d'au moins 15 ans, l'État du Sénégal montrerait qu'il est définitivement soucieux de l'avenir et des générations futures.

Une telle disposition garantirait à l'État des liquidités lorsque les revenus pétroliers baisseront durant la décennie 2040. Par exemple, avec les seuls revenus hypothétiques du champ SNE, soit 275 milliards de FCFA par an en moyenne revenant à l'État[1], le FONSIS pourrait toucher entre 2023 et 2043 près de 69 milliards de FCFA par an en moyenne si d'aventure 25 % des revenus de SNE lui étaient réservés. En tablant sur un retour sur investissement de 7 % en moyenne sur ces 20 années, la réserve du FONSIS provenant du réinvestissement des revenus de SNE atteindrait hypothétiquement les 3000 milliards de FCFA[2] en 2043.

Il ne s'agit là que d'une simulation pour le champ SNE. Avec le champ pétrolier satellite de SNE-NORTH, ceux voisins de FAN et de FAN-SOUTH, en plus du gaz découvert à Tortue, Teranga et Yakaar, l'État du Sénégal pourrait accumuler grâce au FONSIS des revenus conséquents de plus d'une dizaine de milliers de milliards de FCFA qui seront utiles aux jeunes enfants sénégalais d'aujourd'hui et à ceux qui naitront bientôt. Car même si elles peuvent parfois sembler lointaines, les générations futures sont, en définitive, celles du futur proche. Elles auront besoin de cet argent pour bâtir un Sénégal plus prospère et plus protecteur.

---

[1] Calculs de l'auteur. Des tels revenus représentent un revenu total de 10 milliards de dollars US qui pourraient éventuellement être tirés du champ SNE. Dans les faits, durant les premières années d'exploitation, l'État touche nettement moins de revenus car le contractant se rembourse ses investissements grâce au « Cost Oil ».

[2] Il s'agit de FCFA de 2017. La valeur de ces revenus en 2043 sera plus élevée en raison de l'actualisation financière. Voir https://fr.wikipedia.org/wiki/Actualisation

Orientation 3 : Développer une industrie pétrochimique locale

Dans la famille des mots en « pétro » qui, rappelons-le, signifie « roche », il y a le pétrole mais aussi la pétrologie (l'étude des roches), la pétrographie (la description des roches) et la pétrochimie (la chimie industrielle du pétrole). La pétrochimie est la discipline, à la fois théorique et appliquée, qui étudie la fabrication de matières à partir du pétrole (et du gaz naturel). Ces matières sont fabriquées dans de grands complexes pétrochimiques et peuvent exister dans la nature ou être entièrement artificielles. C'est en particulier le naphta, un des produits du raffinage du pétrole, qui sert de base à l'industrie pétrochimique. Ce naphta est décomposé sous l'effet de la vapeur et donnera naissance à plusieurs sous-produits avec lesquels il est possible de fabriquer des plastiques, des produits cosmétiques ou pharmaceutiques etc. L'État du Sénégal a décidé d'interdire la commercialisation des sachets en plastique sur son territoire. Il s'agit d'une décision salutaire. Cependant, les découvertes de pétrole et de gaz restent une opportunité à saisir pour développer une industrie pétrochimique locale qui fabriquera, non pas des plastiques, mais des médicaments et des engrais, essentiels pour la santé et l'agriculture.

Sur les engrais

En plus de l'eau, du CO_2 et du soleil, les plantes ont besoin de trois principaux nutriments : le phosphore, la potasse et l'azote. Le phosphore P est un élément contenu dans les minéraux de phosphates que l'on trouve naturellement dans le sol, comme on y trouve des minerais de fer ou de calcaire. Le Sénégal est un producteur et exportateur de phosphates bruts depuis plusieurs décennies et a repris la production d'engrais phosphatés.

Les engrais azotés sont quant à eux fabriqués en industrie selon le procédé suivant : le gaz naturel, essentiellement constitué d'hydrogène H, est utilisé avec l'azote contenu dans l'air (rappel : 78 % de l'air est constitué d'azote N) pour fabriquer de l'ammoniac. Celui-ci est ensuite transformé en urée, qui est l'engrais le plus riche en azote.

Le gaz naturel représenterait 75 % du coût de production de l'ammoniac et entre 55 et 70 % du coût de production des engrais azotés comme l'urée[1]. Avec l'exploitation du gaz de Tortue, qui sera suivie par celles de Teranga et Yakaar, le Sénégal pourrait rapidement mettre sur pied une industrie de fabrication d'engrais azotés. Le renforcement de la filière phosphates parachèverait l'installation d'une industrie d'engrais solide et autosuffisante. Entre 2012 et 2016, les importations cumulées d'engrais du Sénégal ont été de 127 milliards FCFA contre seulement 38 milliards FCFA d'exportations, soit un déficit commercial de 89 milliards FCFA.

Sur les médicaments

Si le gaz est surtout utilisé dans la production d'engrais, le pétrole est quant à lui une « substance miracle » qui a ses défauts certes, mais dont la principale qualité est la polyvalence. Beaucoup de ses sous-produits, dérivés du naphta, se retrouvent en effet dans la plupart des médicaments. Aussi, peu de Sénégalais savent que 95 % des médicaments modernes et produits pharmaceutiques qu'ils consomment étaient encore importés en 2017[2], essentiellement de l'Union européenne. Cette faible « indépendance pharmaceutique » du Sénégal coûte cher : ces importations ont coûté 463 milliards de FCFA entre 2012 et 2016. Ces chiffres devraient servir de piqûre de rappel pour les gouvernements actuels et futurs afin qu'ils soutiennent une industrie pharmaceutique locale. La longue tradition de recherche universitaire scientifique du Sénégal et la présence de quelques grands groupes pharmaceutiques internationaux expérimentés peuvent servir de catalyseur à la mise en place d'une telle industrie. La disponibilité de la matière première (du pétrole léger) étant assurée pour les trois prochaines décennies, la volonté politique apparaît désormais comme la seule barrière qui pourrait empêcher le Sénégal de renforcer sa souveraineté thérapeutique.

---

[1] TOURNIS, Véronique et Michel RABINOVITCH, 2009, *Les ressources naturelles pour la fabrication des engrais : une introduction*, Géologie, histoire et marché des engrais minéraux, Revue Géologue n°162, p.37-44.

[2] Chiffre officiel de la Pharmacie nationale d'approvisionnement (PNA). Voir : http://www.aps.sn/actualites/societe/sante/article/95-des-medicaments-et-produits-pharmaceutiques-sont-importes-docteur

Orientation 4 : Développer un tissu de PME/PMI dans l'agriculture et la transformation agro-alimentaire

Comme nous l'avons vu au début de cet ouvrage, le pétrole n'est rien d'autre que de l'énergie solaire captée par des algues qui finissent par être enfouies sous terre où leur matière organique, entre temps transformée en kérogène, sera « cuite » pendant plusieurs millions d'années pour donner du pétrole. Ainsi brûler du pétrole, c'est quelque part libérer dans l'atmosphère quelques millions d'années de rayonnement solaire. Un moyen efficace d'éviter ce « gaspillage de soleil », serait d'en capter à nouveau grâce aux céréales, tubercules et autres fruits cultivés dans les champs. En effet, les revenus du pétrole pourraient servir à développer l'agriculture, depuis la production d'engrais jusqu'à la transformation en produits finis. Symboliquement, un investissement massif dans l'agriculture et la transformation agro-alimentaire serait un message fort. Ce serait faire à la fois un éloge de la lenteur et rendre hommage au terroir en valorisant le savoir-faire local. Plusieurs pays producteurs de pétrole (Algérie, Iran) ont connu une « désagriculturisation », terme qui renvoie à la régression du secteur agricole dans leur économie et que l'on retrouve dans la littérature scientifique consacrée à la « maladie hollandaise ».

Le Sénégal devrait donc encourager via divers mécanismes fiscaux, douaniers et de facilitation administrative, la naissance d'une petite industrie de transformation agricole. Pourquoi « petite industrie » et pas « grande industrie » ? L'industrialisation se caractérise par des gains de productivité et l'automatisation des procédés de fabrication notamment grâce aux machines. Cela signifie en des termes simples qu'il est beaucoup plus facile et moins coûteux de fabriquer une voiture aujourd'hui qu'il y a un siècle. Plus une industrie est grosse, plus elle se mécanise pour augmenter sa productivité, même si celle-ci peut également augmenter marginalement grâce à un bon traitement des ressources humaines. Or au Sénégal, du fait de l'extrême jeunesse de la population, il y a une entrée en masse de personnes en âge de travailler chaque année sur le marché du travail. Si l'installation de grosses industries est privilégiée au détriment d'une multitude de petites et moyennes industries, cette masse de jeunes en âge de travailler ne sera jamais absorbée par l'Economie, ce qui développera le chômage et le secteur dit informel. Celui-ci demeure très utile et dynamique mais n'offre pas de protection sociale officielle aux travailleurs. Nous pensons, modestement, qu'une politique économique visant à développer des PME/PMI au Sénégal devrait avoir pour objectif principal d'absorber la main d'œuvre jeune du pays. C'est en ce sens que le développement d'unités petites à moyennes de transformation agroalimentaire semble être une option à explorer. Le développement de ces PME/PMI éviterait à notre pays de se contenter d'être un exportateur de matières premières agricoles brutes peu chères. Il lui permettrait surtout d'absorber beaucoup de jeunes travailleurs et travailleuses, en plus de la masse de jeunes qui travaillent déjà dans l'agriculture en plein champ, notamment dans la vallée du fleuve Sénégal. Une telle démarche redistribuerait encore plus les revenus du pétrole sous une forme durable et à travers tout le Sénégal. Elle permettrait également le développement du savoir-faire autour de la mécanique et de la réparation des machines qui seront utilisées dans ces PME/PMI de traitement et de transformation.

Ce serait aussi une opportunité pour faire grandir l'industrie de l'emballage, en appuyant, via des mesures incitatives, la fabrication d'emballages recyclables et biodégradables. Les plastiques, qui prennent 400 ans à se dégrader dans la nature et jonchent tout le Sénégal, le long des routes, dans les villes ou dans certains dépôts sauvages, doivent continuer à être bannis. La loi interdisant leur vente devra être appliquée de manière beaucoup plus rigoureuse qu'elle ne l'a été jusqu'ici.

Le FONSIS, à travers son sous-fonds dédié aux PME ou le fonds dédié aux générations futures qui accueillera une partie des revenus pétroliers, pourrait davantage appuyer des initiatives de ce type. Il pourrait également augmenter ses investissements dans des projets favorisant une transition énergétique et écologique au Sénégal.

Chapitre 8 : Transparence, réformes et utilisation des revenus

Ce qu'il faut retenir

✓ La transparence dans l'amont pétrolier doit être garantie entre l'État et les compagnies via des contrôles renforcés, mais aussi entre l'État et les citoyens avec un rôle accru de la société civile.

✓ Une nouvelle loi anti-corruption ou la nouvelle législation pétrolière devrait prévenir les conflits d'intérêts, renforcer les contrôles et les sanctions dans l'industrie pétrolière comme dans l'administration.

✓ La nouvelle législation pétrolière devrait favoriser les appels d'offre pour l'octroi de blocs pétroliers, augmenter la part de l'État et de Petrosen, favoriser le contenu local (sous-traitants et personnel nationaux), renforcer les contrôles comptables et environnementaux.

✓ Le Sénégal producteur de pétrole et de gaz devrait éviter de :
- subventionner l'essence et l'électricité
- se lancer dans la construction excessive d'infrastructures
- redistribuer directement et trop généreusement les revenus

✓ L'État du Sénégal va augmenter ses capacités de raffinage en construisant une nouvelle raffinerie. Il confiera aussi une partie des revenus pétroliers au FONSIS pour les générations futures.

✓ L'essor d'une industrie pétrochimique locale pourrait diminuer la dépendance commerciale du Sénégal dans l'achat d'engrais et améliorer son « indépendance pharmaceutique ».

✓ Le Sénégal doit éviter un recul de son secteur agricole et gagnerait à investir une partie des revenus pétroliers dans le soutien de PME/PMI évoluant dans l'agriculture et la transformation agroalimentaire.

Chapitre 9 : Préparer le Sénégal au monde de demain

L'exploitation du pétrole et du gaz au Sénégal se prolongera sans doute jusque dans la décennie 2050. Or dans 30 ans, le monde dans lequel nous vivrons sera différent de celui que nous connaissons aujourd'hui. Ce chapitre final se propose d'anticiper et de proposer, dans le contexte du Sénégal, les possibles orientations que pourront prendre des secteurs connexes au pétrole et au gaz. Ces secteurs, omniprésents dans la vie économique et dans le quotidien de chaque Sénégalais, sont le transport, la génération d'électricité, l'habitat et l'agriculture. Grâce à des choix judicieux de la part de l'État sénégalais et l'implication de la société civile, un Sénégal respectueux de la nature et de l'Homme pourra organiser harmonieusement ces secteurs et affronter, avec résilience, le monde de demain. Un monde qui sera façonné, entre autres, par le réchauffement climatique et la diminution rapide de la biodiversité, phénomènes globaux déjà ressentis et amplement étudiés dans la littérature scientifique.

9.1 - Vers la transition énergétique et la sobriété

9.1.1 - La transition énergétique ou l'emballement climatique

Les variations du climat sont un phénomène naturel dans l'histoire de notre planète. L'histoire géologique récente (moins 500 000 ans), a été jalonnée de plusieurs phases de refroidissement intense appelées glaciations qui ont été suivies des périodes de réchauffement rapide. Ces phases de réchauffement sont dues à plusieurs paramètres dont les plus importants sont la présence de gaz à effet de serre dans l'atmosphère, l'intensité du rayonnement solaire et des paramètres liés à la trajectoire de la Terre autour du soleil.

L'un de ces paramètres, à savoir la présence de gaz à effet de serre dans l'atmosphère, est un moteur, sinon le principal moteur, du réchauffement climatique. Ces gaz à effet de serre sont principalement le dioxyde de carbone (CO_2), le méthane (CH_4) et le protoxyde d'azote (N_2O). Il convient néanmoins de préciser que la présence de gaz à effet de serre dans l'atmosphère est nécessaire à la vie sur Terre. Sans eux, la température moyenne sur Terre serait d'environ -15 degrés Celsius (°C) alors qu'elle est actuellement égale à +15°C. Cela signifie qu'une bonne partie de la Terre afficherait en permanence des températures qui oscilleraient entre 0°C et -30°C, avec des températures encore plus extrêmes sur les continents[1]. Les gaz à effet de serre ne constituent donc pas une « pollution » en soi, ils sont même nécessaires à nos équilibres de vie actuels. Ces équilibres sont cependant fragiles et toute notre organisation économique et sociale est calibrée sur eux. Une baisse rapide ou une hausse rapide de quelques degrés de la température moyenne terrestre pourrait ne pas être vue comme dramatique, mais elle le sera véritablement pour tous.

Faisons une analogie avec le corps humain, dont la température moyenne est autorégulée à 37°C. Tous nos organes et nos fonctions vitales sont calibrés autour de cette température. Un humain dont la température corporelle descendrait brusquement en quelques heures à 32°C ou monterait rapidement à 42 °C, soit un différentiel positif ou négatif de « seulement » 5°C, n'aurait pas froid ou chaud : il serait tout simplement mort. Ainsi, si l'on prend comme référence la moyenne de la température au début de l'ère thermo-industrielle au XIXe siècle et qu'on lui rajoute « seulement » 5°C, la civilisation humaine ne serait pas seulement témoin d'un réchauffement climatique d'envergure, elle risquerait l'effondrement pur et simple en raison des multiples rétroactions et probables emballements qu'entrainerait un tel réchauffement. Comment en sommes-nous arrivés là et que risquons-nous collectivement en tant qu'espèce si un tel scénario se réalisait ?

Depuis la révolution thermo-industrielle du XIXe siècle, avec l'avènement des chemins de fer fonctionnant au charbon puis le boom du pétrole, des transports et de l'électricité au XXe siècle, la civilisation humaine a envoyé dans l'atmosphère des centaines de milliards de tonnes de CO_2. Celui-ci, qui était emprisonné dans les hydrocarbures solides (charbon) et liquides (pétrole), se rajoute donc aux gaz à effet

---

[1] Les continents régulent leur température bien plus difficilement que les océans qui sont constitués par un fluide caloporteur (qui transfère la chaleur), en l'occurrence l'eau. Avec une température moyenne de +15°C, notons qu'il fait déjà -10 ° à -40°C au Canada pendant plusieurs mois de l'année. Quelle serait la situation d'un tel endroit si la température de la Terre était à -15°C en moyenne ? Réponse : Le Canada n'existerait tout simplement pas, il serait enfoui en permanence sous d'épaisses couches de glace.

de serre produits par la nature (volcanisme etc.). Homo sapiens, c'est-à-dire nous, a également transformé son habitat en produisant des quantités immenses de ciment, matériau universel de construction dont la fabrication à base de calcaire ($CaCO_3$) et à très haute température rejette également du CO_2.

Enfin l'humanité, grâce à l'augmentation des rendements agricoles mais aussi grâce aux progrès de la médecine et plus largement de la technique, a multiplié sa population par 6 en moins de 200 ans. Cette hausse inédite de la population mondiale s'est traduite par une hausse des besoins industriels, de la production agricole et de l'élevage, tous émetteurs de gaz à effet de serre. Les sources agricoles les plus significatives de gaz à effet de serre, souvent méconnues du grand public, sont les rejets de méthane (CH_4) dus aux flatulences des vaches et ceux issus des rejets des rizières, le riz étant l'une des céréales les plus consommées sur Terre. Le protoxyde d'azote (N_2O) est quant à lui produit par une réaction des sols qui sont recouverts d'engrais azotés.

En résumé, jamais dans l'Histoire de l'espèce humaine nous n'avons rejeté autant de gaz à effet de serre dans l'atmosphère en une si courte période (environ 200 ans). Répétons le mot : jamais. Le CO_2 en particulier, gaz responsable des deux tiers de rejets de gaz à effet de serre d'origine anthropique, n'a jamais affiché une telle concentration dans l'atmosphère depuis... 800 000 ans[1]. En 2012 par exemple, l'humanité a envoyé 33 milliards de tonnes de CO_2 dans l'atmosphère (voir figure 16).

---

[1] GIEC, 2013: Résumé à l'intention des décideurs, Changements climatiques 2013: Les éléments scientifiques. Contribution du Groupe de travail I au cinquième Rapport d'évaluation du Groupe d'experts intergouvernemental sur l'évolution du climat [sous la direction de Stocker, T.F., D. Qin, G.-K. Plattner, M. Tignor, S. K. Allen, J. Boschung, A. Nauels, Y. Xia, V. Bex et P.M. Midgley]. Cambridge University Press, Cambridge, Royaume-Uni et New York (État de New York), États-Unis d'Amérique.

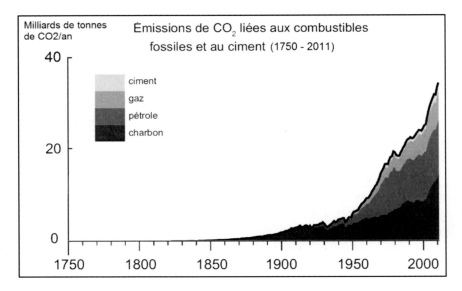

Figure 16 : Rejets mondiaux de CO_2 d'origine anthropique en milliards de tonnes de CO_2/an de 1750 à 2011. Source : Rapport du GIEC 2013.

Ces rejets d'origine anthropique, bien que représentant une infime partie des rejets naturels de CO_2, ont grandement augmenté depuis la révolution thermo-industrielle. Ils connaissent d'ailleurs une accélération exponentielle depuis 1950 et la démocratisation de l'accès à l'électricité. Ils perturbent un système climatique mondial dont le calibrage atmosphérique est fin et les rétroactions très nombreuses. Bien qu'ayant ses détracteurs dans la communauté scientifique et au sein de la classe politique internationale, regroupés sous le vocable de « climatosceptiques », l'origine humaine (ou « origine anthropique ») de l'essentiel du réchauffement climatique actuel est une hypothèse très solidement supportée par de nombreux faits, mesures et arguments scientifiques. Elle est régulièrement documentée par les travaux de milliers de scientifiques climatologues, océanographes, géologues, physiciens etc. regroupés dans le groupe d'experts intergouvernemental sur l'évolution du climat (GIEC).

Lorsque ces émissions de gaz à effet de serre sont évaluées par pays ou zones géographiques, on s'aperçoit qu'en 2012, l'Afrique était responsable d'à peine 4 % des rejets anthropiques de gaz à effet de serre à l'échelle mondiale et que l'essentiel de ces rejets provenaient de la Chine (26 %), des USA (16 %), de l'Union européenne (13 %), de la Russie (6 %), de l'Inde (6 %) et du Japon (4 %)[1].

Il est donc évident que si l'humanité veut éviter un emballement climatique, c'est-à-dire un réchauffement de +4 à +7°C à l'horizon 2100, elle devra convaincre les gouvernements chinois, américain, indien ou allemand de fermer leurs centrales à charbon, de diminuer leur production industrielle et de réduire leurs transports routiers. Etant donné que ces pays sont les plus puissants militairement, économiquement ou industriellement et que, de surcroît, ils sont engagés dans une course à la croissance économique, une telle hypothèse semble peu probable. Les projections de production électrique en Chine montrent que l'Empire du milieu pourrait utiliser autant de charbon en 2040 qu'il ne le fait en 2016. Au regard de tout ce qui précède, l'emballement climatique mondial pourra être difficilement évité, certains seuils ayant même été déjà franchis[2]. Des pays comme le Sénégal, bien que ne représentant qu'une infime partie des émissions mondiales de gaz à effet de serre, devront tout de même participer à l'effort global de réduction de rejets de gaz à effet de serre. Ils devront aussi s'organiser et orienter leurs investissements de manière judicieuse afin de rendre leurs sociétés résilientes aux chocs à venir.

Ces chocs que l'humanité pourrait affronter en raison des changements climatiques sont nombreux : précipitations accrues dans certaines régions, raréfaction des précipitations dans d'autres, fonte des glaces qui risque d'entraîner une hausse du niveau des océans, acidification des océans due à l'excès de CO_2 qu'ils doivent absorber, augmentation de la fréquence des ouragans, réapparition inattendue de certaines maladies dans des zones qui deviendront climatiquement adaptées à certains insectes, microbes ou virus, vagues de froids extrêmes dues à l'arrêt de certains courants océaniques chauds qui adoucissaient

---

[1] IEO2016: U.S. Energy Information Administration (EIA), International Energy Outlook 2016, DOE/EIA-0484(2016) (Washington, DC: May 2016)

[2] La quantité de gaz à effet de serre d'origine anthropique déjà envoyés dans l'atmosphère au cours du XXe siècle entraînera, de manière quasi-inéluctable, un réchauffement d'au minimum 1,5°C à l'horizon 2100. Cela est dû à l'inertie des gaz dans l'atmosphère : le CO_2 y reste environ 100 ans après y avoir été envoyé, le méthane CH_4 environ 12 ans et le protoxyde d'azote N_2O environ 120 ans.

localement le climat, baisse drastique des volumes de pêche dans la zone intertropicale etc.

Au Sénégal, les changements climatiques menacent plusieurs villes du littoral dont l'emblématique Saint-Louis, trait d'union fragile entre l'océan atlantique et le fleuve Sénégal. La montée des eaux, phénomène naturel accentué par le réchauffement climatique anthropique, menace également la ville historique de Rufisque et sa voisine Bargny. L'avancée de la mer pourrait à nouveau saliniser les terres, notamment dans le Saloum et en Casamance où l'écologiste Haidar El Ali et les populations locales ont beaucoup contribué à la réhabilitation de la mangrove.

L'un des autres dangers possibles des changements climatiques est l'allongement et l'intensification des sécheresses. Fléau pour les hommes et le bétail, notamment dans la vallée du fleuve Sénégal et au Sénégal oriental, la sécheresse pourrait s'accentuer en raison des nombreuses rétroactions océan-atmosphère-chaleur qui régissent la naissance et le déplacement des masses nuageuses. Il est par ailleurs connu que les sécheresses extrêmes détériorent les sols qui deviennent trop durs pour être infiltrés par l'eau de pluie, ce qui augmente le risque d'inondation.

C'est donc une multitude de défis aussi bien globaux que locaux que nos politiques publiques doivent adresser. L'une de ces politiques publiques, brièvement abordée dans l'énumération des enjeux au chapitre 7, est celle qui organise la question de l'énergie. Souvent citée comme un des fondements de l'économie, l'énergie, comme nous l'avons vu au début de l'ouvrage, va même au-delà de la production de richesses et de leur commerce. En effet, l'énergie est non seulement un facteur de production économique de premier plan, mais elle détermine la manière dont nous faisons société. Son abondance, sa rareté et sa répartition modifient notre rapport à l'espace et au temps, à la Démocratie et au vivre ensemble. Diminuer la quantité d'énergie disponible c'est augmenter la compétition entre individus mais aussi entre États. Compte tenu de ces aspects sociétaux et des risques encourus en raison des changements climatiques, le Sénégal devrait utiliser une partie de ses revenus pétroliers et gaziers pour financer et organiser sa transition énergétique.

9.1.2 - La transition énergétique au Sénégal

Pour répondre aux besoins de sa population en croissance tout en contribuant à la réduction globale des rejets de gaz à effet de serre, le Sénégal pourrait entamer, avec l'appui des revenus tirés des hydrocarbures, une transition énergétique dont les maîtres mots seraient : indépendance énergétique, développement des énergies renouvelables, maîtrise de l'énergie et sobriété. De nombreuses initiatives entrepreneuriales ou communautaires existent pour atteindre de tels objectifs. Cependant, c'est bien la politique énergétique de l'État qui déterminera en grande partie l'avenir énergétique du pays.

La politique énergétique au Sénégal est définie par un document officiel du ministère en charge de l'Energie appelé Lettre de politique de développement du secteur de l'énergie (LPDSE). Ce document, visé par le Président de la République, est mis à jour tous les 4 ou 5 ans pour définir les orientations de l'État du Sénégal dans le secteur énergétique. Il prend en compte les directives de la CEDEAO ou encore les engagements internationaux du Sénégal (réduction des gaz à effet de serre décidés à la COP21, atteinte des Objectifs pour un Développement Durable (ODD) etc.). Dans sa version d'octobre 2012, la LPDSE visait principalement à :

- Diversifier les sources d'approvisionnement ;
- Encourager l'initiative privée ;
- Renforcer l'électrification rurale et périurbaine ;
- Encourager l'utilisation de combustibles domestiques alternatifs au bois.

Ces objectifs qui sont compréhensibles et logiques dans un pays comme le Sénégal, ont en partie été atteints. L'essor de producteurs privés indépendants (IPP) d'électricité est une réalité. Cependant l'électrification rurale a pris du retard : elle était attendue à un taux de 60 % en 2017 contre 30 % réellement atteints à cette date (source : CRSE). Par ailleurs, le bois reste encore largement dominant dans la cuisson en zone rurale, ce qui pose de réels problèmes de déforestation. La transition énergétique au Sénégal, en plus de la modification des modes de production d'électricité, devra donc se donner pour mission de révolutionner la cuisson domestique.

A - Révolutionner la cuisson pour diminuer la pression sur les forêts

La déforestation accélère les changements climatiques : d'abord par ses effets directs, lorsque l'on brûle le bois issu des arbres abattus, ce qui rejette du CO_2, mais aussi de manière indirecte car un arbre mort ne capte plus de CO_2. De plus, dans un pays sahélien comme le Sénégal, la déforestation accélère la désertification. Il y a donc plusieurs raisons de lutter contre elle, à défaut de pouvoir y mettre fin.

Le principal moteur de la déforestation au Sénégal est l'utilisation du bois et du charbon de bois en tant que combustibles pour la cuisson domestique. L'existence de gisements de pétrole et de gaz ainsi que le renforcement des capacités de raffinage du pays pourraient davantage démocratiser l'utilisation des bonbonnes de gaz butane. L'adoption du gaz butane par les populations a fait l'objet d'une politique appuyée par des subventions depuis les années 1970. Cette politique de butanisation se poursuit encore, malgré la suppression de la subvention au gaz butane en 2009. Néanmoins, plusieurs freins à l'adoption du gaz butane subsistent. Il s'agit entre autres de la centralisation de la production des bonbonnes de gaz butane à Dakar, de l'enclavement encore réel de beaucoup de localités rurales et des prix élevés par rapport au pouvoir d'achat des ménages en zone rurale. Le tableau 10, tiré des statistiques de l'ANSD, illustre la difficulté de pénétration du gaz butane en zone rurale :

Caractéristique	Résidence		
	Urbain	Rural	Ensemble
Combustible utilisé pour cuisiner			
Électricité	0,7 %	0,5 %	0,6 %
GPL/gaz naturel/biogaz	49,5 %	5,8 %	29,0 %
Charbon de bois	24,1 %	10,5 %	17,7 %
Paille/branchages/herbes	15,3 %	77,9 %	44,6 %
Bouse	0,0 %	3,2 %	1,5 %
Autre	10,5 %	2,2 %	6,6 %
Total	100,0 %	100,0 %	100,0 %

Tableau 10 : Répartition en pourcentage (%) des combustibles utilisés pour cuisiner en milieu urbain et en milieu rural. Source : ANSD, EDS-continue 2016

Selon l'ANSD[1], plus de 80 % du combustible domestique utilisé par les Sénégalais habitant les zones rurales est constitué par du bois de cuisson (78 %) et par des bouses (de vaches). Or le bois de cuisson dégage des nuées qui sont toxiques lorsqu'elles sont inhalées pendant une longue durée. Pour maitriser ces risques sanitaires et ralentir la déforestation, l'État du Sénégal doit poursuivre sa politique d'adoption du gaz butane et surtout faire la promotion du biogaz et des foyers améliorés, c'est-à-dire avoir des fourneaux qui ont un meilleur rendement thermique.

Deux programmes nationaux ont pris en charge ces problématiques. Il s'agit du Programme national de biogaz domestique (PNBD) et du programme Foyers améliorés du Sénégal (FASEN). Leur renforcement financier et opérationnel permettrait d'économiser de grandes quantités de bois de cuisson et donc de gérer de manière durable les forêts du Sénégal.

Les foyers améliorés sont constitués par différents dispositifs (fourneaux « jambaar « pour le charbon et « sakkanal » pour le bois). Ces foyers améliorés sont plus efficaces que les fourneaux « malgaches » traditionnels où la déperdition de chaleur est très importante. Une des recommandations de l'AEME est de structurer et de financer la filière de fabrication de ces foyers améliorés. Outre cette recommandation pertinente, la subvention à l'achat des foyers améliorés par les ménages ruraux et urbains utilisant du charbon est également une option à considérer. La subvention à l'achat de fours solaires est également un investissement efficace, étant donné qu'il n'est pas redondant (une fois le four solaire acquis, il faut juste que l'utilisateur l'entretienne). Enfin la sensibilisation demeure un facteur clé de succès pour une telle politique. Selon une étude de l'AEME et du cabinet Performance Management Consulting (PMC), toutes ces mesures pourraient éviter le rejet de 45 millions de tonnes de CO_2 et permettraient de réaliser 2100 milliards de FCFA d'économies nettes à l'horizon 2030[2].

---

[1] ANSD, Agence nationale de la statistique et de la démographie, *Enquête de démographie et de santé continue 2016 (EDS-continue 2016),* 2017, ministère de l'Economie, des Finances et du Plan, République du Sénégal.
[2] AEME et PMC, 2015, *Stratégie de maitrise de l'énergie du Sénégal (SMES), Economies d'énergie dans les combustibles,* p.216-223, MEDER.

B - Pour une production d'électricité abondante et « propre »

L'électrification universelle au Sénégal est annoncée par les autorités pour 2025. Pour atteindre cet objectif, l'État a adopté une double stratégie. Il mise sur l'augmentation des capacités de production propres de la SENELEC et une offre accrue des producteurs privés indépendants appelés IPP (de l'anglais « Independant Power Producers »).

Selon le plan de production 2017-2019 de la SENELEC soumis à la Commission de régulation du secteur de l'électricité (CRSE)[1], la puissance installée (PI) au Sénégal s'élevait en 2016 à 1070 MW répartis entre la SENELEC, les IPP et les auto-producteurs. La production nette d'électricité en 2016, (consommateur final + pertes sur le réseau), était de 3600 gigawattheures (GWh). Cette production nette de 2016 ainsi que les projections pour 2019 figurent dans le tableau 11 :

Type d'équipement	Production P 2016	% de P 2016		Projection P 2019	% de P 2019
Fioul/diesel/ gasoil	3306 Gwh	92 %		2525 GWh	58 %
Gaz	10 GWh	0,3 %		0 GWh	0
Charbon	0	0		848 GWh	19,5 %
Solaire PV	7 GWh	0,2 %		350 GWh	8 %
Hydroélectricité	277 GWh	7,5 %		496 GWh	11,5 %
Eolien	0	0		131 GWh	3 %
TOTAL (arrondis)	**3600 GWh**	**100 %**		**4350 GWh**	**100 %**

Tableau 11 : Productions nettes arrondies (SENELEC et IPP) par type d'équipement 2016 et projection 2019. Source : auteur d'après CRSE 2017 et SENELEC

---

[1] CRSE, Commission de régulation du secteur de l'électricité, 2017, *Révision des conditions tarifaires de Senelec, période tarifaire 2017 - 2019, 2eme consultation publique*, ministère de l'Energie et du développement des énergies renouvelables, République du Sénégal.

A la lumière de la situation de 2016, des capacités supplémentaires livrées entre 2017 et 2019, le mix électrique évolue positivement vers une baisse de son contenu carbone avec une production nette à base de sources d'énergie fossiles passant de 92 % à 77,5 % du total. Cela est principalement dû à l'augmentation de la part des énergies renouvelables au sens large (hydroélectricité, solaire, éolien). Celles-ci devraient correspondre à 22,5 % de production nette d'électricité en 2019. Une telle politique va dans le sens d'une réduction des rejets de gaz à effet de serre du Sénégal tout en répondant à une demande en hausse. Cependant, ces efforts pourraient être ruinés par les investissements sur 25 à 30 ans dans des centrales à charbon.

Aller vers une électricité « propre » avec moins de fioul et sans charbon.

Selon son plan de production 2017-2030, la SENELEC continuera à baisser la part des sources d'énergie fossiles dans ses capacités installées qui sont attendues à 1981,5 MW en 2022 dont 416 MW de solaire et d'éolien, 319 MW d'hydroélectricité, 841,5 MW de fioul et 405 MW de charbon.

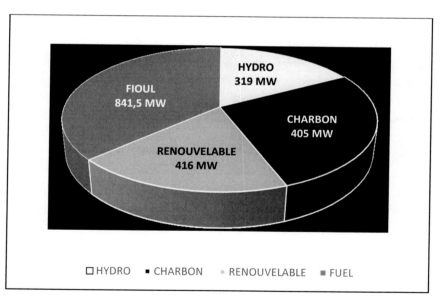

Figure 17 : Capacités installées de production électrique à l'horizon 2022 par type de combustible. Source : SENELEC 2017

L'introduction des énergies renouvelables est une nécessité et un choix pertinent malgré les difficultés techniques, et donc économiques, que cela pose, comme nous le verrons par la suite. Il nous apparaît cependant nécessaire, au regard du mix électrique attendu en 2022, d'interroger la stratégie de développement du charbon. Celui-ci devrait être éliminé du paysage de production électrique pour plusieurs raisons.

Tout d'abord, et malgré une amélioration des techniques de combustion durant les années 2000, les centrales à charbon posent de sérieux problèmes dans leurs rejets de CO_2, SO_2, NOx et de cendres. De telles particules peuvent en effet être nocives pour les populations qui y sont exposées sur de longues durées, en raison de rejets atmosphériques ou dans la nature. La centrale à charbon CES de Sendou (Bargny) de 128 MW, respecte - de justesse - les limites de rejets de particules fixées par la Banque Mondiale selon un document de la Banque Africaine de Développement (BAD)[1]. Cette centrale devrait, en principe, faire l'objet d'un programme de conversion en centrale à gaz à l'horizon 2021-2022. A défaut, nous pensons qu'elle devrait être fermée. Le projet de centrale à charbon de 300 MW de Mboro dont le lancement est prévu en 2021, et ayant reçu, non sans mal, l'approbation des villages alentours en avril 2014, devrait lui aussi être requalifié en projet de centrale à gaz ou, option la plus radicale, ne jamais voir le jour. L'énergie est certes indispensable à l'activité économique mais les risques climatique et sanitaire associés à l'utilisation longue durée du charbon ne sont pas négligeables, y compris d'un point de vue économique. Il serait en effet intéressant de calculer le coût d'un kilowattheure d'électricité produit par une centrale à charbon comme celle de Sendou, qui rejette environ 1 million de tonnes de CO_2 par an, en y incluant une taxe carbone de 40 à 80 dollars/tonne de CO_2. C'est une telle tarification que recommande le groupe de haut-niveau de la Banque Mondiale sur les prix du carbone dirigé par le prix Nobel d'Economie Joseph Stiglitz[2]. Les risques climatiques et sanitaires liés au charbon exigent surtout d'un Sénégal qui se veut durable qu'il applique un principe strict de précaution.

---

[1] BAD, Banque africaine de développement, 2009, *Résumé non technique de l'étude d'impact économique et social de Sendou 125 MW Centrale à Charbon Sénégal*.
[2] STIGLITZ, Joseph E. and Nicolas STERN, 2017, *Report of the High-Level Commission on Carbon Prices*, High-Level Commission on Carbon Prices, World Bank.

La recherche de l'efficacité économique immédiate a souvent été jalonnée de conséquences sanitaires graves à travers le monde, comme en France avec l'amiante, l'utilisation des pesticides Round-up aux USA ou la destruction de la couche d'ozone en raison de rejets d'aérosols de type CFC. L'adoption de tels choix techniques se justifiait, comme pour le charbon aujourd'hui, par leur rentabilité économique de l'époque. Plus spécifiquement, l'exploitation de centrales à charbon est estimée être à l'origine de 23 000 morts annuelles en Europe[1] et 360 000 morts en Chine[2]. La capitale chinoise, Pékin, a fermé en 2017 sa dernière centrale à charbon et son électricité est désormais fournie par des centrales à gaz. Le groupe Electricité de France (EDF) a bouclé en 2016 le programme de rénovation de son parc thermique en fermant 10 de ses 13 dernières centrales à charbon. Tous ces développements devraient inspirer le Sénégal à adopter une politique énergétique qui écarte les centrales à charbon, y compris celles de petite capacité (10 MW) exploitées par les auto-producteurs industriels locaux que sont Dangote Cement et les Industries chimiques du Sénégal (ICS). En effet, ces centrales peuvent afficher une bonne rentabilité économique mais uniquement lorsque l'on ne prend pas en compte leurs conséquences indirectes, ou « externalités », sanitaires et environnementales (climat, pollution). De plus, selon une étude du département américain de l'énergie, les techniques de séquestration de CO_2, un des principaux arguments des détenteurs et défenseurs de centrales à charbon, n'ont pas forcément démontré leur rentabilité[3].

Le Sénégal a pris des engagements allant dans le sens d'une réduction de ses rejets de gaz à effet de serre à la COP 21 de Paris en 2015. Il serait louable, pour montrer la voie en Afrique et en considération de la planète qui sera laissée aux générations futures, qu'il puisse respecter ces engagements. La SENELEC dispose de toutes les compétences nécessaires pour relever le défi d'un Sénégal produisant de l'électricité sans recourir à des centrales à charbon. Celui-ci doit demeurer une

---

[1] Voir : http://www.lemonde.fr/pollution/article/2016/07/05/le-charbon-entraine-23-000-morts-prematurees-en-europe-chaque annee_4964092_1652666.html
[2] MA, Qiao, 2016, *Disease Burden from Coal Combustion and Other Major Sources in China,* Tsinghua University, Beijing, China.
[3] Voir site web de l'office fédéral américain des énergies fossiles : https://energy.gov/fe/science-innovation/carbon-capture-and-storage-research/carbon-capture-rd/post-combustion-carbon

brève parenthèse dans l'histoire énergétique du pays. Plus qu'une question purement économique, il s'agit là d'une mesure de précaution sur la santé publique et une nécessité absolue face aux changements climatiques. Ceux-ci menacent les écosystèmes fragiles du Saloum, mettent déjà en péril l'habitat de villes côtières comme Rufisque et Bargny et risquent d'amoindrir les rendements agricoles dans la vallée du fleuve Sénégal.

Le gaz : alternative naturelle et incontournable

Les découvertes de Tortue, Teranga et Yakaar ont mis à jour d'importantes quantités de gaz. Ainsi, grâce à son abondance et à son pouvoir calorifique, c'est-à-dire sa capacité à produire de la chaleur lorsqu'il est brûlé, le gaz s'impose naturellement comme le futur combustible leader du mix électrique sénégalais. Le gaz est en effet un combustible qui peut fournir, pour des volumes comparables, des quantités de chaleur équivalentes à celles fournies par le charbon et les dérivés du pétrole que sont le diesel et le fioul lourd. Cela est illustré dans le tableau 12 ci-dessous :

Combustible	Volumes comparables	Pouvoir calorifique associé au volume	CO$_2$ émis/kWh Electrique
Pétrole (fioul/diesel)	1L	10 kWh de chaleur	800 g CO$_2$
Charbon	1kg	8,9 kWh de chaleur	1000 g CO$_2$
Gaz naturel	1m3	10,4 kWh de chaleur	400 g CO$_2$

Tableau 12 : Pouvoir calorifique et quantité de CO$_2$ émise par kilowattheure d'électricité produite. Source : BP review 2017 et ADEME 2015

La deuxième partie du tableau 12 montre également que pour obtenir un killowattheure (kWh) d'électricité dans une centrale, la combustion du gaz émet 2 et 2,5 fois moins de CO$_2$ que le pétrole et le charbon. Son utilisation constitue donc un progrès supplémentaire dans la réduction des rejets de gaz à effet de serre du Sénégal. Enfin, la combustion du gaz naturel rejette moins de particules fines, de NOx et de soufre que celles du charbon et des dérivés du pétrole.

Ainsi, lorsqu'il est comparé aux autres combustibles fossiles que sont le charbon et les dérivés du pétrole, le gaz a de nombreux arguments plaidant en sa faveur : argument physique avec son pouvoir calorifique, argument climatique avec des rejets moindres de CO_2, argument sanitaire avec des rejets inexistants de poussière, la faible concentration en NOx des fumées, et la part minime de particules fines et de soufre. Dans le cas du Sénégal, il existe même d'autres arguments, de nature économique et géopolitique, qui justifient un développement volontariste des centrales à gaz. En effet, le fioul lourd et le charbon sont des ressources dont le Sénégal ne dispose pas en quantité suffisante ou dans son sous-sol contrairement au gaz qui a été découvert en quantités importantes depuis 2015. Il sera donc moins cher de s'approvisionner en gaz qu'en fioul lourd ou en charbon (coûts de transport quasi nuls notamment). Le charbon utilisé comme combustible au Sénégal provient de l'Afrique du Sud. Dépendre de telles ressources pour produire son électricité, revient d'une part à continuellement alourdir sa facture pétrolière et d'autre part à s'exposer à une autre intermittence d'approvisionnement due à de possibles aléas géopolitiques indépendants de notre volonté. Un conflit social au Nigéria, une grève durable dans les mines de charbon en Afrique du Sud sont autant de situations imprévisibles. Le Sénégal n'aurait aucune influence si d'aventure elles survenaient et il devrait pourtant en subir les conséquences s'il continue à développer ses centrales à charbon et à fioul.

L'investissement dans la production électrique via des centrales à gaz dans les années à venir est donc une nécessité. La SENELEC, qui possède déjà des turbines à gaz dans sa centrale de Cap des biches (région de Dakar), ainsi que certains IPP ont d'ailleurs entamé un programme de conversion de leurs centrales au fioul lourd ou au gasoil en centrales à gaz.

Construire des centrales à cycle combiné gaz (CCG).

Les centrales à cycle combiné gaz (CCG) sont un type de centrale qui s'est beaucoup développé depuis la fin des années 1990 en Europe, en Chine, aux USA et au Maghreb. Elles permettent d'obtenir des rendements de 50 à 60 %, là où une centrale thermique classique un peu vieillie affiche des rendements de 30 %. Cela veut dire qu'en général, pour obtenir la même quantité d'électricité à partir d'une centrale thermique classique ayant un rendement de 30 %, il faudrait utiliser deux fois plus de gaz que dans une centrale à cycle combiné gaz qui affiche un rendement de 60 %. Une CCG permet donc d'économiser le combustible (ici le gaz) et de diviser ses rejets de CO_2 par deux par rapport à une centrale classique. Ce rendement élevé est dû à la réutilisation de la chaleur produite par le gaz qui a déjà produit de l'électricité en brûlant. La chaleur résiduelle du gaz brûlé va vaporiser de l'eau, vapeur qui produira à son tour de l'électricité. L'usage du qualificatif « à cycle combiné » vient ainsi du fait que l'on combine le fonctionnement d'une turbine à gaz et d'une turbine à vapeur.

Depuis le milieu des années 2000, les centrales à cycle combiné gaz sont construites en unités ayant une puissance installée (on dit également « puissance nominale » ou « capacité installée ») d'environ 400 mégawatts (MW) ou 600 MW comme celle de Bouchain en France, qui a un rendement record de 62,2 %. La CCG de Cornaux en Suisse affiche par exemple une puissance installée de 420 MW. Elle fonctionne environ 14 heures par jour et a une consommation quotidienne d'environ 900 000 m^3 de gaz[1].

Avec une part de 0,1 BCF/jour soit environ 2,8 millions de m^3 qui lui reviendrait dans la production du gisement Tortue pour ses besoins domestiques, l'État du Sénégal pourrait alimenter jusqu'à 3 CCG équivalentes à celle de Cornaux en Suisse. La construction d'une telle centrale nécessiterait 3 à 4 hectares de superficie et durerait trois ans. Elle requerrait également des investissements de raccordement, variables selon la localisation, des gazoducs apportant le gaz naturel et des lignes haute-tension pour transporter l'électricité produite.

---

[1] REPUBLIQUE ET CANTON DE NEUCHATEL, 2014, Rapport de la Commission de réflexion concernant le projet de centrale électrique à gaz de Cornaux, p.4

En construisant deux centrales à cycle combiné gaz comme celle de Cornaux dans l'intervalle 2020-2030, notamment pour compenser l'éventuelle non mise en service de la centrale à charbon de Mboro, l'État du Sénégal augmenterait sa capacité installée de 850 MW, soit un peu moins de la moitié de sa capacité installée nationale en 2022 (1981,5 MW). Un tel investissement baisserait considérablement le prix de revient de l'électricité et, par ricochet, son prix de vente qui était en moyenne de 118 FCFA/kWh en 2017 (source : CRSE et SENELEC 2017), même si une baisse de 10 % a eu lieu durant cette même année.

Le Plan Sénégal Emergent (PSE), dans son volet énergie, visait un prix de l'électricité oscillant entre 60 et 80 FCFA/kWh[1]. De tels prix, probablement anticipés avec la mise en service de centrales à charbon, seraient sans doute atteignables avec l'option des centrales à cycle combiné gaz. Celles-ci possèdent de nombreux avantages sur les centrales à charbon (sécurité d'approvisionnement du combustible, facilité accrue d'entretien des installations, rendement 1,5 à 2 fois plus important, 2,5 fois moins de rejets de CO_2, absence de cendres et faibles rejets de NOx etc).

Ce renforcement des capacités de production d'électricité avec du gaz, disponible en quantité suffisante et à bas prix (car coûts de transport quasi-nuls), devra être accompagné d'une intensification des investissements dans les énergies renouvelables. Celles-ci sont en effet indispensables pour la réduction des rejets de CO_2 mais posent, pour l'éolien et le solaire, quelques difficultés auxquelles il faudra apporter des réponses adaptées.

---

[1] PSE, Plan Sénégal Emergent, 2014, *Chapitre IV : Fondements de l'Emergence, 4.1 Résolution de la question vitale de l'Energie*, République du Sénégal, p.92-94

Développer les énergies renouvelables

Les sources primaires d'énergie renouvelables, que nous appellerons désormais par commodité de langage « énergies renouvelables » joueront un rôle clé dans le futur énergétique du Sénégal, en particulier pour sa production d'électricité. Limitées pendant longtemps à la seule hydroélectricité avec le barrage de Manantali (60 MW de puissance installée (PI)), les énergies renouvelables se diversifient désormais. En effet, outre l'apport du barrage de Felou (15 MW PI), le solaire photovoltaïque (PV) et l'éolien, auparavant confinés à de petits usages personnels, participent depuis 2016 à la fourniture d'électricité au Sénégal. Plusieurs producteurs privés indépendants (IPP) ont installé ou vont installer dans diverses localités du Sénégal des centrales basées sur ces sources d'énergies. Leur situation est résumée par le tableau 13 :

Localisation	Année de mise en service	Type EnR	Puissance installée (MW)
Bokhol	2016	Solaire PV	20 MW
Malicounda	2016-2017	Solaire PV	20 MW
Sinthiou Mékhé	2017	Solaire PV	30 MW
Ten Mérina Dakhar	2017	Solaire PV	29 MW
Kahone	2018	Solaire PV	30 MW
Sakkal	2018	Solaire PV	20 MW
Diass	2018	Solaire PV	25 MW
Taiba Ndiaye	2018-2020	Eolien	150 MW
Scaling solar	2019-2020	Solaire PV	100 MW

Tableau 13 : Situation 2017 - 2020 des capacités de production électrique basées sur les énergies renouvelables solaire PV et éolien. Source : CRSE 2017, SENELEC et Déclaration de politique générale 2017

Si les investissements envisagés dans les énergies renouvelables sont réalisés à temps, alors le Sénégal pourrait générer 11 % de sa production nette d'électricité avec du solaire PV et de l'éolien en 2019 et s'approcherait des 15 % en 2020. A l'horizon 2030, et vu son potentiel important en ensoleillement et en vent confirmé par l'IRENA, le Sénégal pourrait raisonnablement avoir pour ambition d'atteindre 25 ou 30 % de sa production électrique grâce à l'éolien et au solaire PV. Le reste de la production serait assuré par les barrages et les centrales à gaz.

« Pourquoi ne produirait-on pas 100 % de notre électricité avec de l'éolien et du solaire ? » Réponse : « Parce que ce sont des énergies renouvelables déconcentrées et intermittentes ».

Elles sont en effet déconcentrées car pour convertir le rayonnement solaire en électricité, il faut des dispositifs PV étalés sur de grandes surfaces, devant être renouvelés régulièrement (25 ans) et nécessitant des métaux semi-conducteurs qui sont en quantité limitée sur Terre.

La difficulté principale de l'intégration du solaire et de l'éolien réside néanmoins dans leur intermittence. En effet, lorsqu'il n'y a pas assez de vent ou quand il n'y a pas de soleil, les éoliennes ou les panneaux solaires PV ne produisent pas d'électricité. On dit qu'ils ont une capacité de charge ou un facteur de charge faible. La capacité de charge d'un dispositif solaire PV, exprimée en pourcentage, correspond au temps où il produit réellement et à pleine puissance (soleil au zénith, ciel dégagé) rapporté à ce qu'il aurait dû produire s'il fonctionnait toute l'année. Cette capacité de charge atteint au maximum environ 20 % pour le solaire PV, notamment dans les régions ayant un ensoleillement comparable à celui du Sénégal (5,8 kWh/m^2/jour selon le ministère en charge de l'Energie[1]). Pour une centrale thermique, elle oscille entre 70 et 80 % (car la centrale fonctionne jour et nuit tant qu'elle a du combustible et qu'elle n'est pas arrêtée pour de la maintenance).

Pour les CCG modernes, elle va jusqu'à 90 %. Cela veut dire, de manière simplifiée, qu'une centrale solaire d'une puissance installée de 20 MW produit, au final, autant d'électricité qu'une centrale thermique de 5 MW.

Investir dans les énergies renouvelables est une nécessité mais il faudra en assumer les coûts élevés pour conserver des niveaux équivalents de production. De plus, leur électricité intermittente doit être utilisée

---

[1] Voir : http://www.energie.gouv.sn/content/solaire-photovolta%C3%AFque-0

immédiatement, évacuée du réseau ou stockée. Il existe des batteries pour stocker l'électricité mais leur coût reste encore élevé pour des centrales solaires PV ou éoliennes de plusieurs centaines de mégawatts (MW) de puissance installée. Des progrès notables sont cependant en train d'être réalisés sur ce plan[1].

Des énergies renouvelables intermittentes à compenser en temps réel

L'intermittence de l'électricité générée à partir des énergies renouvelables est naturelle, elle doit donc être compensée. Le stockage électrique de masse par batterie étant trop cher pour l'instant (voir l'encadré sur « le stockage de l'électricité produite par le solaire PV et l'éolien »), il faut donc avoir une capacité de production électrique qui soit activable à la demande (on dit également « pilotable ») pour que la fourniture d'électricité soit continue. Le respect, en permanence, de l'équilibre entre l'offre et la demande (Production = Consommation) est le rôle essentiel du gestionnaire du réseau, en l'occurrence SENELEC. Pour ce, il a besoin de moyens de production ou d'effacement pilotables et très réactifs. Cette compensation permanente et rapide de l'intermittence de l'électricité d'origine renouvelable éviterait à nos maisons, à nos aéroports et à nos hôpitaux d'être plongés dans le noir quand il n'y a pas de soleil la nuit ou quand il n'y a pas assez de vent. En dehors de l'électricité d'origine nucléaire, intéressante d'un point de vue climatique car ne rejetant pas de CO_2 mais nécessitant un savoir-faire industriel et une organisation sanitaire que le Sénégal ne possède objectivement pas, il existe deux principaux types de production électrique activable à la demande : les barrages hydroélectriques et les centrales thermiques.

Examinons de plus près ces moyens de production électrique activables à la demande pour savoir si le Sénégal pourra s'appuyer sur eux dans l'immédiat et à l'avenir.

---

[1] IRENA, International renewables agency, 2017, *Electricity storage and renewables: costs and markets to 2030*, IRENA.

Les barrages hydroélectriques

Les barrages hydroélectriques sont des édifices qui génèrent de l'électricité à partir de l'énergie mécanique de l'eau. Les types de barrages les plus connus sont ceux qui utilisent l'énergie potentielle de pesanteur de l'eau, stockée grâce à des lacs de rétention placés en hauteur. En tombant, ces masses d'eau font tourner des turbines situées en contrebas. Ce mouvement des turbines constitue alors de l'énergie mécanique qui va actionner des générateurs électriques.

Quelles sont les capacités du Sénégal à produire de l'hydroélectricité ou à en profiter ? Le Sénégal est traversé par deux grands fleuves : la Gambie et le Sénégal. Le fleuve Sénégal est un bien commun entre les républiques du Sénégal, de Guinée Conakry, du Mali et de la Mauritanie. Il est cogéré par ces quatre pays via l'Organisation de mise en valeur du fleuve Sénégal (OMVS). Le fleuve Sénégal abrite au 01/01/2018 trois barrages : celui de Diama au niveau de son embouchure, utilisé pour bloquer le sel, et deux barrages producteurs d'hydroélectricité que sont Manantali et Felou, où le Sénégal acquiert une partie de son électricité.

Le stockage de l'électricité produite par le solaire PV et l'éolien

En 2018, il coûte moins cher de produire de l'électricité activable à la demande que de stocker de l'électricité en grande quantité dans des batteries. Les technologies de stockage par batterie ont certes vu leur coût baisser rapidement depuis quelques années mais le stockage chimique naturel de l'énergie dans le pétrole ou le gaz reste quasi-imbattable (travail fait par la nature, bonne compacité énergétique etc.).

Les prévisions de l'agence internationale pour les énergies renouvelables (IRENA) à l'horizon 2030 sont cependant encourageantes et de plus en plus d'électricité pourra être stockée dans des batteries à des coûts intéressants. En décembre 2017, l'entreprise américaine Tesla a par exemple installé le plus grand système de stockage d'électricité par batterie (« Powerpack ») au monde en Australie du Sud. Il dispose d'une puissance de 100 MW et peut stocker jusqu'à 129 MWh d'électricité.

Malgré ces efforts appréciables, le moyen de stockage d'électricité le plus économique en 2017 est le stockage dans des barrages de pompage-turbinage ou STEP (stations de transfert d'énergie par pompage). Représentant 96 % des capacités de stockage électrique en 2017 (source : IRENA), les STEP sont des barrages « réversibles » qui utilisent l'électricité produite en excès (la nuit quand tout le monde dort, quand il y a trop de vent) pour faire tourner leurs turbines en sens inverse, pomper de l'eau et la stocker en hauteur. Puis, en cas de besoin sur le réseau électrique, cette eau pourra être turbinée, c'est à dire libérée, comme cela se fait dans un barrage classique. Cependant le Sénégal est un pays plutôt plat et dispose de peu de sites naturels susceptibles d'accueillir un ouvrage de ce type. Mais avec ses nombreux avantages (renouvelable, ne rejette pas de CO_2, permet de compenser l'intermittence du solaire et de l'éolien), le barrage STEP est une option à considérer pour le Sénégal.

Les barrages de Sambangalou au Sénégal, Gouina au Mali et de Souapiti en Guinée pourraient respectivement renforcer la puissance installée du Sénégal de 61 MW, 35 MW et 100 MW. Ils sont pour l'instant des projets ou sont en construction (Souapiti, Gouina) et leur mise en service pourrait vraisemblablement avoir lieu vers 2021 si les délais sont tenus.

Le fleuve Gambie est quant à lui un bien commun partagé entre les républiques du Sénégal, de Gambie, de Guinée et de Guinée Bissau. Il est cogéré, tout comme le fleuve Sénégal, via une organisation de mise en valeur du fleuve Gambie (OMVG). Le barrage de Kaléta (Guinée) inauguré en 2015, ajoutera 48 MW à la puissance installée du Sénégal en 2019.

Ainsi, à très court terme, les barrages ne pourront pas constituer la principale source d'électricité pour compenser l'intermittence de nos centrales solaires et de nos parcs éoliens. Mais avec l'important potentiel hydroélectrique de la sous-région, essentiellement concentré en Guinée et à un degré moindre au Mali, la construction de barrages hydroélectriques via l'OMVS et l'OMVG devrait rester une priorité pour les gouvernements sénégalais présents et futurs. Les barrages hydroélectriques ne sont certes pas neutres d'un point de vue environnemental (déplacement de villages environnants, modification du paysage, destruction d'écosystèmes locaux) mais une fois mis en service, ils ne rejettent pas de particules fines, fournissent une électricité d'origine renouvelable et activable à la demande, le tout à un prix très compétitif et avec des rejets quasi nuls de CO_2.

Les centrales thermiques

Les centrales thermiques, en particulier celles utilisant le gaz comme combustible, sont sans doute la solution la plus facile à mettre en œuvre pour compenser l'intermittence de l'électricité d'origine renouvelable. Abondant, efficace, beaucoup moins polluant que le fioul lourd et le charbon, et bénéficiant de l'expérience déjà acquise par la SENELEC, le gaz s'impose là aussi comme un choix naturel. Mais tel qu'il vient d'être évoqué, des accords avec les pays voisins devraient aboutir, sur le moyen et long terme, à la construction de nouveaux barrages. Le potentiel hydroélectrique disséminé entre la Guinée, le Mali et Sénégal pourrait alors enfin devenir une réalité tangible.

Lorsqu'il y a surproduction d'électricité en raison, par exemple, d'un vent exceptionnellement fort, il faut stocker ou exporter le surplus de production pour éviter que la fréquence du réseau ne s'emballe. Cette exportation, en ce qui concerne le Sénégal, pourrait se faire en développant ses interconnexions électriques avec la Gambie, la Guinée Bissau, la Guinée Conakry et le Mali. La Mauritanie, futur producteur de gaz n'aura probablement pas besoin d'acheter de l'électricité venant du Sénégal et lui en vendait déjà en 2016.

Ces interconnexions permettront de valoriser immédiatement le surplus d'électricité et non de le stocker, ce qui, à l'heure actuelle, aurait coûté trop cher. L'inconvénient d'une telle vente obligatoire reste, en l'absence d'un marché sous-régional réel de l'électricité, la liberté que possède l'acheteur de fixer son prix d'achat. En effet, si le Mali peut produire de l'électricité pour peu cher à partir de ses centrales à fioul, il n'acceptera d'acheter le surplus de production électrique sénégalais d'origine renouvelable que s'il lui est vendu à un coût égal ou inférieur aux coûts de production desdites centrales. A contrario, le Sénégal pourrait vendre au prix cher son électricité au Mali si celui-ci a une production insuffisante et veut éviter les délestages.

L'espace CEDEAO verra ses interconnexions électriques se développer. Vu le potentiel énergétique important de la zone (soleil, vent, sites naturels favorables aux barrages, gaz naturel), la surcapacité de production pourrait constituer une difficulté économique avec, notamment, l'augmentation des subventions aux capacités installées mais non utilisées. L'État du Sénégal devrait donc aller avec détermination vers une production électrique de plus en plus renouvelable et avec peu de rejets de CO_2, mais il devra le faire progressivement via des investissements maîtrisés en coordination avec ses voisins immédiats et la CEDEAO. Pour y arriver, il devra également renforcer ses outils de prospective énergétique que sont la SENELEC, la Commission de régulation du secteur de l'électricité (CRSE)[1] et l'Agence pour l'économie et la maitrise de l'énergie (AEME).

---

[1] La CRSE, en fusionnant avec le Conseil national des hydrocarbures (CNH), élargira ses prérogatives et deviendra la Commission de régulation du secteur de l'énergie (CRSE), après adoption d'un nouveau Code de l'électricité en 2018 ou 2019.

Des énergies renouvelables à compenser...sur des réseaux à renforcer

L'autre difficulté posée par l'intégration accrue des énergies renouvelables dans la génération d'électricité est celle de la modernisation des réseaux électriques pour réagir rapidement à l'intermittence de l'électricité d'origine renouvelable. Or le réseau de transport et de distribution électrique au Sénégal est plutôt vétuste. Son renouvellement et son extension prennent du temps et coûtent cher[1].

La production électrique des énergies renouvelables intermittentes comme le vent et le soleil est souvent répartie entre plusieurs petites unités de production. Les centrales solaires PV de petite taille et les installations solaires PV individuelles des bâtiments publics ou privés sont autant d'unités à raccorder au réseau électrique. Celui-ci était bâti à l'origine pour distribuer l'électricité dans un seul sens (depuis les centrales thermiques vers les utilisateurs) telle une autoroute à sens unique. Il doit désormais évoluer pour devenir une autoroute à double sens. En effet, certaines maisons et bâtiments publics (c'est déjà le cas du CICAD de Diamniadio) vont devenir des unités de production d'électricité. Le réseau électrique doit donc prévoir la remontée de courant vers ces unités autant que la descente de courant en excès qu'elles produiront. Or, pour rester dans l'analogie routière, plus la circulation devient dense et imprévisible, plus il faut de la vigilance policière pour éviter les embouteillages et les accidents. Il faut donc renforcer les réseaux. Les gestionnaires de réseau de la SENELEC, ainsi que ses financiers, ont donc beaucoup de travail pour financer et mettre à niveau les réseaux électriques nationaux.

Il ne s'agit cependant pas de produire éternellement plus d'électricité. L'énergie étant précieuse, l'État du Sénégal doit encourager sa maîtrise. Les économies d'énergie sont des économies de trésorerie pour les familles, pour le trésor public et diminuent les impacts sur l'environnement.

---

[1] SENELEC, dans sa projection 2017-2019 soumise à la CRSE, prévoit d'investir 580 milliards de FCFA pour le renouvellement et l'extension de son réseau de transport et de distribution. Ce qui représente 72 % de ses investissements totaux sur la période.

Sobriété énergétique individuelle, collective et matérielle.

Sur le long terme, la sobriété énergétique demeure la seule solution viable pour l'humanité. Cette sobriété correspond à une transformation moindre de l'environnement et une consommation moins rapide des ressources naturelles (rappel : plus nous utilisons de l'énergie, plus nous modifions le monde autour de nous). Bien entendu, il n'est pas ici question de ne plus utiliser de l'énergie. Il s'agit plutôt d'optimiser notre consommation d'énergie grâce à la sensibilisation du grand public et à l'adoption de réformes.

Au Sénégal, la maîtrise de l'énergie a connu des programmes comme Enerbat mis en œuvre entre 1993 et 2004, et la promotion des lampes basse consommation par la SENELEC à la fin des années 2000. De nos jours, elle se matérialise par un modeste Programme d'efficacité énergétique dans le bâtiment (PNEEB) et quelques opérations de sensibilisation menées par l'AEME. Il n'existe pas de loi cadre sur l'économie et la maîtrise de l'énergie et plusieurs leviers pouvant aider à réduire la consommation d'énergie au Sénégal restent pour l'instant inutilisés. En effet, outre la cuisson déjà évoquée dans ces lignes, l'habitat pourrait constituer un gisement d'économies non négligeables en termes d'énergie. L'afflux d'électricité à moindre coût en raison de la disponibilité prochaine du gaz naturel devrait accélérer la tendance déjà observée à l'utilisation d'équipements énergivores dans l'habitat. Selon des estimations de l'AEME et du cabinet PMC[1], les usages résidentiels de l'électricité (éclairage, climatisation, ventilation, électroménager) pourraient représenter 42 % de la consommation électrique sur une période d'environ 25 ans entre 2014 et 2030. La généralisation des lampes basse consommation, l'adoption de dispositions réglementaires strictes sur l'efficacité énergétique des appareils importés et sur l'isolation thermique des bâtiments pourrait aider à réaliser d'importantes économies d'énergie. Toutefois, la sensibilisation doit se poursuivre car selon l'AEME, elle reste, et de loin, la source numéro un d'économies d'énergie à l'horizon 2030.

---

[1] AEME, Agence pour l'économie et la maîtrise de l'énergie et PMC, Performance Management Consulting, 2015, *Stratégie de Maîtrise de l'Energie au Sénégal (SMES)*, AEME, ministère de l'Energie et du développement des énergies renouvelables, République du Sénégal.

9.2 - Vers un Sénégal écologique, résilient et convivial

L'Ecologie politique n'est pas un dogme. Elle ne consiste pas à défendre des plantes, des animaux, des insectes ou des écosystèmes pour le simple plaisir de les défendre. Elle n'est pas non plus une idéologie visant à brider la créativité de l'Homme. Son émergence médiatique est parfois perçue comme un caprice, une facétie d'un Occident qui constate les conséquences de 150 ans de progrès sans limites dont il a été le berceau culturel[1] et le promoteur historique. L'Ecologie politique concerne tout le monde et elle est plutôt sagesse : celle de la prise en compte, dans toutes nos activités, des réalités écologiques de la planète et du vivant. L'Ecologie, en tant que science, est l'ensemble des lois et interactions complexes qui existent entre les différentes enveloppes de la Terre (sols, océans, atmosphères) et les êtres vivants qui y respirent, mangent, s'y reproduisent, interagissent et, pour certaines comme la nôtre, y font du commerce. L'Ecologie politique est la prise de conscience de ces faits scientifiques qui font de l'Homme une petite partie d'un grand tout, d'un ensemble minéral et biologique avec lequel il fait corps et dont il doit préserver les équilibres pour préserver ses propres chances d'avoir une vie bonne. Avoir une conscience écologique c'est savoir que le « l'oikos-nomos » (« économie » ou « organisation de la maison ») ne peut se faire de manière durable qu'en étant encadrée par « l'oikos-logos » (« écologie » ou « lois de la maison »)[2]. C'est savoir que si nous fragilisons trop les fondations de la « maison Terre », que nous faisons disparaitre beaucoup d'espèces d'un coup ou que nous envoyons trop de gaz à effet de serre dans l'atmosphère, alors les conséquences sur notre propre espèce et nos activités peuvent être graves et irréversibles.

---

[1] La notion de progrès fondé sur un temps linéaire et la maitrise de la nature naît en Europe entre les XVIIe et XIXe siècles. La querelle des anciens et des modernes, les écrits de philosophes tels Bacon, Descartes, Leibniz, Turgot, Condorcet ainsi que l'avènement de l'économie politique avec Adam Smith sont les briques qui ont servi à construire l'édifice théorique d'un progrès linéaire et universel. Un progrès centré sur l'homme et ses désirs, s'appuyant sur la mathématisation de la nature et sa transformation utilitariste grâce à la technique. L'histoire de la notion de progrès, et du concept de « développement », a été largement étudiée dans le monde académique et vulgarisée par des chercheurs comme Gilbert Rist, Serge Latouche et Anne-Françoise Garçon.
[2] VIVERET, Patrick, 2002, *Reconsidérer la richesse*, Rapport au secrétaire d'État à l'Economie solidaire, République française, p.29

Le Sénégal évolue dans un monde où les crises écologiques existent déjà et iront sans doute en se renforçant. Ces crises sont de trois ordres : le réchauffement climatique, la perte accélérée de la biodiversité et l'augmentation de la pollution des océans et des sols. Toutes ont une origine humaine et si certaines d'entre elles peuvent avoir des conséquences locales, d'autres, comme le réchauffement climatique, toucheront la planète entière. En effet, l'océan et l'atmosphère, enveloppes fluides globales jouant un rôle clé dans la répartition de la chaleur sur Terre, ne reconnaissent pas les frontières. Le Sénégal, comme beaucoup de pays d'Afrique subsaharienne devrait donc se préparer à l'avènement d'un monde sans doute imprévisible et trouble. Face à ces probables chocs à venir, deux options s'offrent à nous. La première consiste à continuer à bâtir nos villes, organiser notre économie, note fourniture d'énergie ou notre agriculture selon les modalités du monde que nous connaissons le mieux : celui d'aujourd'hui. Celui des villes tentaculaires où chacun cherche à disposer des attributs du « progrès » : avoir sa voiture individuelle, posséder le dernier outil technologique en date, acheter une nourriture produite à des milliers de kilomètres etc. ; avec en sus, une production d'eau et d'électricité centralisée. Nous pouvons rester sur le modèle de la ville immense et dense. Celui de l'amas minéral comme Dakar, capitale de 3 millions d'habitants qui s'est retrouvée privée d'eau pendant près d'un mois en 2013 à cause de la rupture d'un tuyau à Kër Momar Sarr. La seconde option qui s'offre à nous est de préparer notre pays au monde de demain, d'en faire le laboratoire d'un futur africain viable. Il s'agira alors de transformer nos villes pour les rendre moins vulnérables aux chocs, y aménager des espaces de vie, y réintroduire davantage de verdure et de lenteur, notamment à travers des espaces naturels (parcs, jardins publics, esplanades végétalisées etc.) et culturels nécessaires à la production de lien social. Nous pourrions permettre à nos zones rurales de s'adapter aux changements climatiques, en y encourageant l'agriculture biologique ou raisonnée, la valorisation accrue des déchets végétaux, l'utilisation de matériaux de construction locaux etc. Les revenus du pétrole et du gaz, qui n'étaient pas prévus dans le Plan Sénégal Emergent (PSE), peuvent constituer un levier, une source de financement pour transformer durablement notre pays. S'ils sont bien utilisés, ils peuvent rendre les villes sénégalaises plus conviviales et élever le confort de vie dans les campagnes tout en minimisant les gaspillages et les impacts sur l'environnement. Cette transition vers un Sénégal écologique et résilient, se fera sur le plan énergétique comme nous l'avons vu. Il faudra notamment des comportements nouveaux, un habitat et des équipements sobres en énergie, un mix électrique dirigé par le couple gaz/énergies renouvelables et une production accrue de biogaz dans les zones rurales. En dehors de l'énergie, les deux autres grandes pistes à explorer pour arriver à un Sénégal écologique et résilient sont le transport et l'agriculture durable.

9.2.1 - Repenser et moderniser le transport

Le nombre total de véhicules en circulation au Sénégal est passé de 150 000 en 2000 à 400 000 en 2013[1] comme le montre la figure 18 :

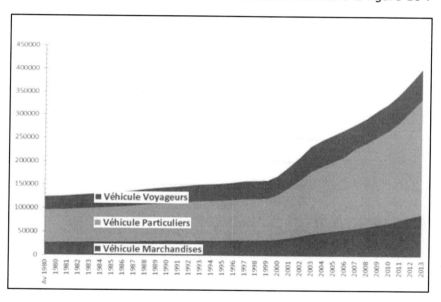

Figure 18 : Nombre de véhicules au Sénégal entre 1980 et 2013. Source : Stratégie de Maîtrise de l'Energie au Sénégal (SMES), AEME et PMC, 2015

Les véhicules pour particuliers, qui ont constitué l'essentiel de l'augmentation significative du nombre de véhicules depuis 2000, représentaient en 2013 environ 61 % du parc automobile tandis que les

---

[1] AEME et PMC, 2015, Stratégie de maitrise de l'énergie du Sénégal (SMES), MEDER.

véhicules de voyageurs et de transport de marchandises représentaient respectivement 17 % et 21 % du parc. Au-delà de la hausse du niveau de vie des Sénégalais sur la période 2000 – 2013, cette hausse rapide des véhicules particuliers s'explique par l'augmentation du nombre de routes bitumées et les mesures d'assouplissement sur l'âge maximal des véhicules d'occasion importés. Cet âge est de 8 ans depuis 2012.

Le résultat d'une telle politique est l'installation d'un transport individualisé, porté par l'imaginaire de réussite sociale symbolisé par la voiture individuelle, au détriment d'un transport fonctionnel, collectif et convivial. Les revenus du pétrole et du gaz pourraient être dirigés vers une modernisation du parc automobile et le développement de transports en commun de qualité.

Sur le plan de la modernisation du parc automobile, l'État du Sénégal gagnerait à faire baisser l'âge maximal des véhicules importés en le faisant passer, par exemple, de 8 à 3 ans. Cette baisse importante pourrait se faire par paliers successifs, de 8 ans en 2018 à 6 ans en 2020, puis à 4 ans en 2022 et enfin 3 ans en 2024. Une telle mesure, recommandée par l'Association des raffineurs africains (ARA), serait bénéfique sur plusieurs plans. Le premier est qu'elle éviterait au Sénégal de devenir le cimetière technologique des grands centres mondiaux de production de véhicules (Chine, USA, Japon, Europe). Ceux-ci sont en train de changer leur parc automobile et d'aller vers la production de véhicules économes en carburant et développent de plus en plus de véhicules hybrides ou 100 % électriques. Le Sénégal, et plus largement l'Afrique subsaharienne, à défaut de développer une industrie automobile spécialisée dans les véhicules sobres en énergie, doit rester vigilant et ne pas donner une seconde vie aux véhicules d'un monde - celui du gaspillage - qui semble rendre son dernier souffle. L'autre avantage à baisser l'âge maximal des véhicules importés est de faire baisser les rejets de CO_2 et de particules fines néfastes pour l'organisme. Le transport s'appuie encore, pour des raisons physiques, sur des carburants dérivés du pétrole (gasoil, essence, kérosène). Or, plus un véhicule est ancien, plus il rejette de CO_2 et de particules fines car le processus de combustion dans son moteur devient moins efficace tel un sportif qui devient de moins performant physiquement avec l'âge. A cette perte d'efficacité, il faut ajouter le fait que les véhicules anciens consomment plus de carburant que les véhicules plus récents. Cet abaissement de l'âge plafond des voitures individuelles pourrait être accompagné par une légère hausse des droits de douane qui leurs sont associés. Cela permettrait de compenser partiellement la baisse des recettes douanières (car il y aura moins de voitures importées) grâce à l'augmentation des droits douaniers sur chaque véhicule. Cela découragerait également l'importation de véhicules particuliers d'occasion destinés à la vente, véhicules qui encombrent les trottoirs, occupent parfois illégalement des espaces publics et, une fois en circulation, densifient la circulation causant des embouteillages supplémentaires, notamment à Dakar. Les voitures existantes devraient faire l'objet d'un contrôle technique encore plus rigoureux, point sur lequel des avancées notables ont été faites par le CETUD. Une amélioration de cette procédure de contrôle technique des véhicules serait de libéraliser le secteur, avec l'octroi à des garagistes-concessionnaires privés possédant le matériel adéquat, le droit de faire passer le contrôle technique. Le détachement permanent d'un agent technique chez ces garagistes-concessionnaires ainsi que des missions de contrôle régulier pourrait garantir le respect et la qualité des procédures de contrôle. Enfin, il faudrait envisager un plafonnement de l'âge autorisé des voitures pouvant circuler.

Toutes ces mesures contraignantes sur l'âge, la fiscalité et le contrôle technique des voitures individuelles, couplées à la non subvention du prix des carburants, ne raviraient probablement pas les automobilistes. Il est de la responsabilité des gouvernements sénégalais présents et futurs d'expliquer les raisons d'une telle démarche, les avantages qui pourraient en être tirés (circulation plus fluide, amélioration de la qualité de l'air, consommation moindre des voitures, baisse des rejets de CO_2 et de particules fines etc.) et d'être fermes sur le respect de telles mesures. En sus de la pédagogie et de la fermeté dont ils devraient faire preuve, ceux-ci devraient proposer une alternative aux usagers en développant des transports collectifs confortables, propres et en quantité suffisante.

Le développement des transports collectifs ou transports en commun est un choix de société. Aux USA, 90 % des véhicules de transport sont des voitures individuelles. En Chine, l'imaginaire du « développement » axé autour de la possession de biens individuels dont le plus emblématique est la voiture, s'est imposé dans les esprits. Le nombre de véhicules particuliers y est ainsi passé de 3,6 millions en 2000 à 14 millions en 2005, 50 millions en 2010 pour atteindre 127 millions de véhicules en 2015[1]. Cette hausse exponentielle a cependant des conséquences : 10 des 25 villes les plus congestionnées du monde se trouvent en Chine et en 2016, 700 personnes mouraient tous les jours en raison d'accident sur les routes chinoises soit 255 000 personnes par an sans compter tous ceux qui meurent des effets à long terme de la pollution. Ces chiffres vertigineux ne sont évidemment pas applicables à un pays de taille modeste comme le Sénégal mais ils permettent de voir que la croissance indéfinie du nombre de voitures individuelles n'est pas la solution durable à la problématique du transport dans un pays. La construction de nouvelles routes et autoroutes reste une solution pour améliorer la mobilité mais les effets d'un tel effort ne sont visibles qu'à court terme. En effet, l'augmentation constante des routes bitumées crée un appel d'air aboutissant à l'augmentation rapide du nombre de véhicules en circulation. On assiste alors à un retour de la situation initiale de congestion de la circulation. C'est le phénomène de « l'effet rebond » : tout gain d'efficacité est rapidement compensé par une augmentation du volume d'utilisation.

Le Sénégal est donc face à un choix de société. Il peut continuer à renforcer l'imaginaire de réussite associé à la voiture individuelle et voir les chiffres augmenter selon la tendance exponentielle observée depuis 2000. A contrario, il peut tenter de maîtriser cette hausse et les risques qui y sont associés (pollution de l'air, accidents, congestion des routes) en développant fortement des transports en commun de qualité. Ceux-ci permettront à plusieurs Sénégal qui cohabitent de davantage se côtoyer. Cela lisserait un peu, dans un domaine comme le transport, les inégalités qui existent entre Sénégalais.

Le développement des transports en commun passe, comme pour les voitures individuelles, par une modernisation du parc actuel de véhicules de transport collectif. Dans la région de Dakar, qui compte 50 % de la population urbaine du pays (source : ANSD), les véhicules de transport

---

[1] National bureau of statistics of China, 2017 *China statistical yearbook 2016,* 16-21 possession of private vehicles. Voir : www.stats.gov.cn/english/Statisticaldata/

collectif représentent environ 65 % des trajets quotidiens. Ils sont constitués par les « cars rapides », les cars de type « Ndiaga Ndiaye », les bus de la société publique « Dakar Dem Dikk » et des bus « Tata » auxquels on peut rajouter des véhicules de covoiturage urbain dits « clandos » etc. Un programme de modernisation de ces véhicules de transport collectif a été entamé en 2005 avec les bus « Tata » sous la supervision du Conseil exécutif des transports urbains de Dakar (CETUD). Il vise à remplacer les « cars rapides » et les cars de type « Ndiaga Ndiaye » et regroupe, à Dakar, leurs anciens propriétaires informels au sein de l'association de financement des transports urbains (AFTU). Ce programme a permis en partie de désengorger Dakar et a amélioré le transport urbain dans des villes en croissance comme Thies, Saint-Louis, Touba et Kaolack. Cependant, le confort sommaire et la détérioration plutôt rapide des bus « Tata » (fragilité ? surexploitation ?) n'en font pas un mode de transport qui aura réellement révolutionné les conditions de transport offertes par les « cars rapides » et les cars de type « Ndiaga Ndiaye ». Par ailleurs, sur le plan de l'efficacité énergétique, l'étude sur la stratégie de maîtrise de l'énergie au Sénégal (SMES) de l'AEME, révèle que les « cars rapides » consommaient 27 à 39 % de plus que les cars de type « Ndiaga Ndiaye ». Ils constituent donc un gouffre énergétique dont il convient de se séparer aussi vite que possible pour les substituer par des bus aux standards de confort et de sécurité bien plus élevés. Ces standards devraient égaler ou dépasser ceux de « Dakar Dem Dikk » qui gagne d'ailleurs du terrain sur le transport informel grâce au renouvellement et à l'augmentation de son parc de bus ces dernières années.

Le covoiturage urbain informel, très développé à Dakar et dans quelques capitales régionales grâce aux voitures dites « clandos », gagnerait à être régulé comme l'est le secteur des taxis. Il pourrait également bénéficier d'un programme de modernisation comme celui des « cars rapides » et des cars de type « Ndiaga Ndiaye ». Là aussi, des standards de qualité élevés devraient être mis en place et des contrôles stricts devraient être effectués sur les routes du Sénégal. Cela permettrait d'arriver au renouvellement de ces véhicules empruntés par de nombreux Sénégalais et qui, il faut le dire, apportent une flexibilité intéressante par rapport aux bus et cars.

Les « cars rapides », ceux de type « Ndiaga Ndiaye » et des voitures dites « clandos » constituent donc les urgences à traiter. Ils correspondent, selon des chiffres de la Banque Mondiale, à 40 % du transport quotidien de voyageurs dans Dakar (hors Tata, Dem Dikk et voitures individuelles). Avec les revenus du pétrole et du gaz, ils pourraient bénéficier d'une accélération de l'accompagnement à l'achat de nouveaux véhicules respectant les nouveaux standards d'importation évoqués précédemment. Cet accompagnement sous forme de subvention est déjà adossé à un certain nombre d'engagements et d'obligations : adhésion du bénéficiaire à une association de transporteurs privés urbains comme l'AFTU, formations sur la sécurité routière et la qualité du service de transport etc.

Avec des revenus hypothétiques de 275 milliards de FCFA par an en moyenne tirés du seul gisement SNE sur une période de 20 ans[1], l'État du Sénégal pourrait alimenter le fonds de renouvellement des transports collectifs en lui allouant, par exemple, 3 % de ces revenus annuels, soit un peu plus de 8 milliards de FCFA par an. Quand on sait que ce programme de renouvellement a coûté entre 2005 et 2011 pas moins de 22 milliards de FCFA[2] à l'État du Sénégal, on s'aperçoit que l'allocation d'une très petite partie (3 %) des revenus annuels de l'État tirés du champ SNE permettrait de doubler la vitesse de mise en œuvre du programme de renouvellement des véhicules de transport collectif. Les effets induits en termes de réduction des accidents, d'amélioration de la qualité de l'air etc. seraient également importants. Des calculs plus élaborés devront être réalisés par les services du ministère en charge de l'Economie et des Finances et ceux du ministère en charge des Transports afin de déterminer la juste part des revenus du pétrole et du gaz qui serait nécessaire pour soutenir efficacement l'effort de renouvellement des véhicules de transport collectif.

---

[1] Dans l'hypothèse où le gisement SNE rapporte un total 10 milliards de dollars à l'État du Sénégal sur 20 ans, le revenu annuel moyen serait de 500 millions de dollars soit 275 milliards de FCFA au taux de change en vigueur en novembre 2017.
[2] Voir : http://www.jeuneafrique.com/189010/archives-thematique/s-n-gal-bras-de-fer-dans-les-transports-dakar/

Le projet Bus Rapid Transit (BRT) de l'État du Sénégal, devrait permettre, une fois réalisé, d'améliorer la circulation dans la capitale, Dakar. Un tel dispositif, couplé au Train express régional (TER), dont la livraison est prévue pour 2019, gagnerait à être élargi à la banlieue dakaroise et aux villes à croissance rapide comme Thiès ou Touba.

La manière dont nous organisons notre transport n'est pas le fruit d'une évolution naturelle. Elle n'est que la conséquence d'une politique d'aménagement du territoire et de choix philosophiques. Repenser les transports revient donc à repenser nos espaces de vie, à les organiser autrement. La ville sénégalaise du futur, et plus largement africaine, pourrait être une ville moyenne (moins de 100 000 habitants), disposant d'une ceinture verte d'où proviendrait l'essentiel de ses besoins agro-alimentaires, le reste étant produit dans l'enceinte même de la ville grâce à du micro-jardinage et à la permaculture. Cette ville du futur devrait être un espace qui laisse toute leur place aux piétons et aux bicyclettes. Le renforcement des transports collectifs pousserait également le travailleur dakarois ou thiessois, quel que soit son niveau social, à se rendre au travail en utilisant les transports en commun.

La voiture électrique n'a pas été abordée dans les paragraphes précédents. Elle reste une option à considérer. Cependant, tel qu'il a été évoqué au début de cet ouvrage, il n'existe pas d'énergie ou d'électricité propre. La relative « propreté » de l'électricité dépend de la source primaire utilisée pour la produire. Au Sénégal, l'utilisation prochaine de gaz et des énergies renouvelables (barrages hydroélectriques, éoliennes, solaire PV) devrait permettre d'avoir une électricité peu chère et plutôt « propre », avec moins de rejets de poussières, de NOx et de CO_2 qu'à l'heure actuelle. Les voitures électriques, au-delà de leur fonction de véhicule, pourraient alors servir, grâce à leurs batteries connectées à des bornes réactives, de capacité de stockage pour l'électricité intermittente d'origine renouvelable. Cependant, elles devront être des voitures simples, ne nécessitant pas trop de technologies ou de métaux rares, sinon leur développement ne ferait que déplacer les rejets de CO_2 et la pollution liés à leur production dans d'autres pays. La voiture électrique pourra donc être utile mais elle affichera sans doute des limites liées aux contraintes sur les ressources naturelles.

9.2.2 - Aller vers une agriculture biologique et durable

Le Sénégal, grâce à ses importantes réserves de gaz et la mise sur pied d'une industrie pétrochimique, devrait nettement diminuer ses importations d'engrais. Il améliorera alors sa capacité à produire ce qu'il consomme. Cependant, l'utilisation persistante d'engrais et de pesticides dégrade les sols et pose des problèmes de santé publique.

Il y aurait entre 5 et 10 tonnes de bactéries, d'insectes, de champignons et de vers de terre par hectare de sol[1]. Or les pesticides, utilisés de manière persistante, finissent par tuer toute cette biodiversité qui assure beaucoup de micro-services : dégradation naturelle des déchets agricoles, aération du sol, aide aux plantes dans l'assimilation des nutriments indispensables à leur croissance comme l'azote, le phosphore etc. Les sols de forêts, où poussent et ont poussé toutes sortes de végétaux et d'arbres depuis des millions d'années, ne sont par exemple jamais traités par des pesticides. Ils sont pourtant très fertiles en raison du foisonnement de micro-organismes et l'abondance des engrais naturels constitués par les déchets végétaux et les déjections animales. Grâce à une connaissance scientifique désormais bien établie du rôle des micro-organismes dans la fertilité des sols, l'agriculture de demain sera différente de celle que nous connaissons aujourd'hui tout en étant autant voire plus productive. En effet, il est possible de passer d'une agriculture basée sur les engrais chimiques et les pesticides à une agriculture biologique et durable. Cela ne signifiera pas forcément avoir des rendements agricoles plus faibles ni faire un retour à l'agriculture extensive du début du XXe siècle. Bien au contraire, cette agroécologie[2] qui privilégie les cultures vivrières et diversifiées aux monocultures, ainsi que l'utilisation rationnelle de micro-organismes endogènes et d'espèces végétales adaptées aux sols et aux climats locaux, a le potentiel pour nourrir convenablement et durablement une bonne partie de la population sénégalaise. Ce changement, s'il était adopté par l'État et les agriculteurs, pourrait s'étaler sur une à deux décennies selon sa vitesse de mise en œuvre.

---

[1] Source : Conférence publique de l'Universitaire et chercheur Gilles Boeuf, spécialiste de la biodiversité, au Collège de France en 2014 où il occupait la chaire Développement durable, environnement, énergie et société.

[2] L'agroécologie est le nom générique donné à l'agriculture biologique et durable.

Les revenus pétroliers et gaziers pourraient donc en partie être utilisés pour moderniser l'Ecole nationale supérieure d'agriculture (ENSA) de Bambey, l'équiper de laboratoires modernes de recherche sur l'agroécologie, la microbiologie agricole, la fabrication de fertilisants biologiques et la permaculture. L'ENSA pourrait également être associée à des centres régionaux d'agroécologie où, à l'instar des jeunes médecins, les jeunes ingénieurs agronomes pourraient aller servir pendant quelques mois ou années au contact des paysans ou des citadins désireux de s'engager dans la permaculture urbaine. Si un tel soutien actif et institutionnel à l'agroécologie était couplé à la politique de soutien des PME/PMI dans la transformation agroalimentaire évoquée au chapitre 8.3, nul doute que beaucoup de Sénégalais mangeraient mieux, tout en préservant la fertilité de leurs sols et en y trouvant leur compte d'un point de vue économique. Passer progressivement à ce type d'agriculture écologique, scientifique et durable est une orientation stratégique majeure que les gouvernements sénégalais présents et futurs gagneraient à considérer davantage.

Cette transformation de l'agriculture de tout un pays ne serait pas inédite. Il existe en effet un pays qui a dû opérer, certes en raison de contraintes extérieures, une telle transition. Il est alors passé d'une agriculture intensive basée sur les engrais et les pesticides à une agroécologie tout aussi productive et conviviale. Ce pays est Cuba. Membre emblématique du bloc communiste notamment en raison de ses relations tendues avec son voisin américain, Cuba a été l'un des alliés indéfectibles de l'ex-URSS. Celle-ci, en retour, alimentait Cuba en engrais, pesticides, tracteurs et carburants, l'incitant à mobiliser ses forces productives autour d'une agriculture intensive calquée sur les fermes d'État russes ou ukrainiennes. L'agriculture cubaine était alors productive et tournée vers l'exportation du sucre de canne. En retour, le pays importait la majorité de sa nourriture.

La chute de l'ex-URSS au début des années 1990 a cependant précipité l'agriculture cubaine dans un univers qui lui était inconnu : absence de pièces de rechange pour les tracteurs, pénuries de carburant, d'engrais et de pesticides. Cuba, dont le gouvernement organisa un rationnement sévère de la nourriture, a alors dû aller vers une agriculture vivrière et biologique basée sur des ressources internes. Cette réorientation s'est faite par le démantèlement officiel de la majorité des fermes d'État et la reprise en main des terres agricoles, sous forme de baux, par les citoyens cubains. Ceux-ci se sont organisés en plusieurs centaines de coopératives privées. Ils ont ensuite pu s'appuyer sur l'importante communauté scientifique nationale[1] pour améliorer la productivité des terres, comprendre le rôle des micro-organismes et les utiliser comme biofertilisants ou biopesticides.

Au niveau urbain, cette mini-révolution contrainte a permis de développer le jardinage biologique d'autosuffisance sur les terrasses et dans les jardins. Certains produits « bio » cubains sont désormais exportés en Europe. Ce changement, salué par la FAO [2,] a été réalisé grâce à l'esprit d'initiative des citoyens, à l'encouragement de la « propriété privée » solidaire, à l'appui du gouvernement et des chercheurs cubains. Tout n'est cependant pas rose. En effet, les capitaux manquent sur place, certains parasites affectent les fermes agroécologiques et leur traitement biologique peut prendre du temps. Par ailleurs, Cuba n'est toujours pas autosuffisant et importait encore en 2015 un peu plus de la moitié de sa nourriture même si l'autre moitié est en produite localement grâce à l'agroécologie.

Au Sénégal, les terres agricoles sont déjà détenues par des acteurs privés. L'industrialisation de l'agriculture n'y est pas non plus développée. Les conditions initiales sont donc différentes du cas cubain, mais constituent une opportunité qui pourrait être saisie par l'État sénégalais pour aller vers une transition agricole maitrisée. Bien évidemment, les engrais dont le Sénégal disposera dans les années à venir seront utilisés localement. Il s'agit surtout, à travers une transition douce vers l'agroécologie, d'anticiper, comme cela est en train d'être fait avec les énergies renouvelables, un monde où les hydrocarbures deviendront plus rares.

---

[1] Cuba disposait en 1990 de 2 % de la population d'Amérique latine mais 11 % des chercheurs. Source : ROSSET, Peter, 1994, *Organic Farming in Cuba*, Researchgate.
[2] Voir site web de la FAO (Organisation des Nations unies pour l'alimentation et l'agriculture) : http://www.fao.org/ag/agp/greenercities/en/ggclac/havana.html

Chapitre 9 : Préparer le Sénégal au monde de demain

Ce qu'il faut retenir

✓ Le monde subit déjà un réchauffement climatique qui pourrait s'accentuer et entrainer un emballement climatique à l'horizon 2100 si l'augmentation de la température globale est de +4°C à +7°C.

✓ Le Sénégal doit entamer une transition énergétique durant laquelle il améliorera les techniques de cuisson pour diminuer la déforestation, fera la promotion de la maitrise de l'énergie dans l'habitat notamment et où il changera la structure de son mix électrique.

✓ Le mix électrique sénégalais s'appuiera dans les décennies à venir sur le gaz, l'hydroélectricité, l'éolien et le solaire PV. Il gagnerait à bannir le charbon par précaution, pour des raisons de santé publique et pour réduire ses rejets de CO_2.

✓ La modernisation des transports passe par des mesures drastiques sur l'âge des voitures individuelles importées ou en circulation au Sénégal, sur les spécifications des carburants et l'essor de transports collectifs confortables et en quantité suffisante.

✓ Les revenus pétroliers et gaziers pourraient en partie alimenter un fonds de renouvellement des véhicules de transport collectifs pour poursuivre le retrait des véhicules anciens et peu efficaces.

✓ Outre sa transition énergétique, le Sénégal pourrait également entamer une transition agricole en encourageant l'agroécologie.

Conclusion

Le Sénégal va entrer dans le cercle restreint des pays producteurs de pétrole et de gaz. Entre 2021 et 2023, les gisements Tortue et SNE livreront vraisemblablement leurs premiers mètres cubes de gaz pour le premier et barils de pétrole pour le second. Ils seront suivis durant les décennies 2020 et 2030 par la mise en production d'autres gisements comme ceux de Teranga et Yakaar (gaz) au large de Cayar, FAN et FAN-SOUTH (pétrole) au large de Sangomar.

La découverte de ces ressources récompense plus de 60 années de recherches pétrolières et surtout 20 années de promotion intense du bassin sédimentaire sénégalais auprès de compagnies pétrolières internationales. Le Code pétrolier de 1998 a donc largement rempli sa mission. Il est cependant un soldat à bout de forces et dont une partie de l'arsenal est obsolète face aux conditions géologiques désormais favorables. Le nouveau Code pétrolier doit permettre à l'État sénégalais de signer de meilleurs contrats de recherche et de partage de production (CRPP) et d'obtenir une plus grande part de la rente pétrolière. Cela pourrait se faire en fixant des seuils plus stricts (abaissement du « Cost stop » à 50 %), en augmentant les parts de Petrosen (de 10 à 15 %) et en utilisant des indicateurs plus élaborés pour le partage de la production (utilisation du facteur « R »). Cette nouvelle législation pétrolière pourrait également réclamer une plus grande implication des compagnies pétrolières dans les communautés locales à travers une redevance sociale et écologique qui favorisera un accès décentralisé à la rente pétrolière. Une réglementation complémentaire pourrait en outre favoriser l'essor du contenu local au sens large c'est-à-dire d'entreprises sénégalaises de sous-traitance et le recrutement de nationaux sénégalais au sein des opérateurs étrangers.

La gestion stratégique et quotidienne du pétrole et du gaz nécessitera quant à elle de profonds changements dans l'administration sénégalaise. Les instruments de mise en œuvre de la politique pétrolière de l'État que sont Petrosen, le ministère en charge de l'Energie ou du Pétrole et sa Direction des hydrocarbures, le ministère en charge de l'Economie et des Finances, et le COS-PETROGAZ devront trouver la bonne articulation pour éviter les chevauchements de prérogatives. Ils devront également être renforcés pour assurer leur rôle technique (Petrosen), le contrôle des opérations pétrolières (Direction des hydrocarbures) et leur comptabilité (ministère en charge de l'Economie et des Finances). D'autres mesures, incluant une nouvelle loi anti-corruption, pourraient être adoptées pour lutter contre la mal gouvernance et les conflits d'intérêts avérés ou potentiels. Pour remplir tous ces objectifs, l'expertise internationale et les meilleurs profils sénégalais devront être sollicités et attirés. Les jeunes talents locaux devront également être formés aux métiers du pétrole et du gaz mais aussi à ceux en relation avec les énergies renouvelables. En effet, l'importance du pétrole dans les transports et celui du gaz dans la production électrique doivent pousser le Sénégal à former du personnel qualifié dans l'exploitation et la transformation de ces ressources. Les contraintes écologiques, et celles climatiques en particulier, doivent également inciter le Sénégal à anticiper une transition écologique et énergétique dont les maitres-mots seraient abandon du charbon, substitution du fioul lourd par le gaz, énergies renouvelables, interconnexions électriques, habitat économe en énergie, transports collectifs de qualité et agriculture durable.

D'un point de vue économique, les revenus du pétrole et du gaz ne seront pas immédiatement disponibles dans leur totalité pour l'État et donc pour la population, notamment en raison du remboursement des lourds investissements consentis durant l'exploration et le développement. Une fois disponibles, ces revenus seront sans doute injectés en partie dans des secteurs support comme l'Education et la Santé. Des secteurs qui ont, pour le second notamment, des besoins urgents en équipement. Les gouvernants sénégalais actuels et futurs devront éviter les mesures extravagantes (subvention du carburant, redistribution directe, infrastructures de prestige) qui ne pourront être maintenues ou financées en cas de prix bas du baril ou une fois que la déplétion des réserves sera entamée. Le Sénégal devra surtout se prémunir de la « maladie hollandaise », phénomène observé dans beaucoup de pays producteurs de pétrole et qui consiste en une régression des secteurs agricole et industriel. Une partie des revenus devrait être réinvestie dans l'économie réelle en toute transparence et selon des clés de répartition finement étudiées. Le FONSIS, instrument financier national de haut niveau, jouera un rôle clé dans ces investissements et devra servir de coffre-fort pour les générations futures. Le cas du fonds souverain norvégien GPFG, étudié dans l'ouvrage, montre l'importance du rôle qu'un tel outil peut avoir dans la gestion durable des revenus pétroliers et gaziers. Il s'agit en effet de préparer la société sénégalaise à un monde incertain menacé et déjà perturbé par le réchauffement climatique, la crise de la biodiversité et la pollution.

En effet, après deux siècles de progrès technique alimenté par l'explosion des quantités d'énergie utilisées, l'humanité est face à un dilemme : Doit-elle continuer sa course contre la montre et contre le monde ? Ou doit-elle plutôt lever le pied, elle qui s'est engagée à toute vitesse, depuis la révolution thermo-industrielle, sur l'autoroute de la croissance perpétuelle ? Si elle souhaite se ménager une vie bonne et un futur viable, cette humanité doit faire, dès à présent, des choix sociétaux et politiques forts. Grâce à une modification de ses comportements de consommation, à une réorganisation de ses villes et à un changement de la manière dont elle produit sa nourriture, elle peut bel et bien y arriver. Mais si elle continue sur les schémas actuels, largement inspirés de théories économiques et de visions du progrès établies à une époque où les ressources naturelles semblaient disponibles en quantités infinies et où nos interactions avec la nature étaient encore mal connues, alors elle finira sans doute par heurter de plein fouet un mur climatique et écologique. Ce choc, dont les prémices sont déjà ressenties à travers l'augmentation de la fréquence des phénomènes extrêmes, pourrait se faire dans des conditions difficiles voire chaotiques. Il est par ailleurs probable que de nombreux individus, particulièrement en Afrique subsaharienne, en subiront les conséquences et seront laissés, pour la plupart, sur le bas-côté de l'humanité. Ainsi, en dehors des informations pratiques et, je l'espère, des outils de compréhension qu'il aura pu apporter au lecteur sur le fonctionnement et l'avenir de l'industrie pétrolière et gazière au Sénégal, cet ouvrage a voulu proposer une démarche et des solutions pour un futur soutenable. Les dirigeants politiques, les communautés locales ainsi que les citoyens pourront y puiser ce qui leur semblera utile pour préparer leurs sociétés à des changements globaux qui auront des forts impacts locaux. Au-delà des solutions et des mesures, il s'agira surtout de partir des faits scientifiques qui s'imposent à nous, pour se réinventer profondément. Se réinventer en fécondant nos imaginaires avec les notions anciennes mais si actuelles de sobriété, de respect des rythmes de la nature, de solidarité entre les hommes et entre les générations. C'est bien sur les imaginaires qu'il est urgent d'agir, eux que l'écrivain et universitaire sénégalais Felwine Sarr décrit dans son essai « Afrotopia » (Philippe Rey, 2016) comme étant « les forges desquelles émanent les formes que les sociétés se donnent pour hisser l'aventure sociale et humaine à un autre pallier ». Le défi est désormais clair : nos sociétés doivent s'orienter dans une autre direction. Et malgré de nombreux signaux peu encourageants à l'échelle globale, l'optimisme doit demeurer notre boussole. Le Sénégal pourrait apporter sa part à cet effort global en créant des transports en commun de qualité, en améliorant l'efficacité énergétique de son habitat, en organisant différemment ses villes, en nourrissant autrement sa population. Pour y arriver, il devra changer ses habitudes de gestion en profondeur et bénéficier d'un comportement responsable des compagnies pétrolières. Enfin, chaque Sénégalais, dirigeant, fonctionnaire ou citoyen, devrait également faire sa part. En ce sens, ce livre est une modeste contribution que je soumets à la discussion et à la critique.

Le pétrole et le gaz sont le fruit d'un miracle géologique : celui de la conservation dans les entrailles de la Terre d'une énergie vieille de plusieurs millions d'années, envoyée depuis le cœur bouillant du soleil avant d'être captée par les cellules du vivant. Ils constituent une richesse minérale qui a permis à l'humanité de construire une modernité multiforme, modernité qui semble désormais buter contre les limites physiques de sa propre démesure. Ces ressources d'exception et épuisables ne seront une malédiction pour le Sénégal que s'il ne se montre pas à la hauteur des défis qui lui sont posés. Elles devront donc être gérées de manière transparente et rationnelle pour façonner un futur solidaire et écologique car, professe Ivan Illich, « la vie dans une société conviviale et moderne nous réservera des surprises qui dépasseront notre imagination et notre espérance ». Certes, l'histoire du pétrole et du gaz nous impose d'être vigilants mais il est possible de bâtir, en prenant les bonnes décisions, un Sénégal prospère et convivial grâce à ces richesses géologiques. Elles se trouvent encore loin sous nos pieds mais notre destin, lui, demeure pleinement entre nos mains. Ayons alors, plus que jamais, l'optimisme pour boussole.

Lexique

Accord d'association : Accord par lequel plusieurs compagnies pétrolières associées et agissant sur un même bloc organisent leurs relations techniques, administratives et financières.

API (° degré) : Le degré API (American Petroleum Index) désigne la densité d'un pétrole brut. Plus le degré API d'un pétrole brut est grand, plus celui-ci est léger. Exemple : un pétrole brut de 33 °API est beaucoup plus léger qu'un pétrole brut de 15°API.

Arrêté ministériel : Acte administratif qui autorise la cession des parts d'une compagnie à une autre dans un bloc pétrolier.

Association de compagnies : Entité regroupant les compagnies pétrolières qui sont partenaires dans un bloc pétrolier. Le mot anglais « joint-venture » est équivalent.

Bassin sédimentaire : Espace situé sur terre et/ou en mer et qui constitue une cuvette de plusieurs dizaines à plusieurs centaines de milliers de kilomètres carrés où s'accumulent des sédiments. C'est dans ces bassins que l'on trouve des structures géologiques (pièges) renfermant du pétrole ou du gaz. Le bassin sédimentaire sénégalais fait partie d'un plus grand bassin sédimentaire régional appelé MSGBC.

Baril : Unité de mesure de volume de pétrole d'origine américaine. Un baril vaut 159 litres. Un baril est souvent abrégé « bbl », acronyme de « blue barel » car les premiers barils de pétrole aux USA étaient de couleur bleue. Une tonne de pétrole vaut environ 7,3 barils.

Bloc pétrolier : Zone octroyée par un État à une ou plusieurs compagnie(s) pétrolières associées pour que de l'exploration pétrolière y soit effectuée. Le détenteur des droits d'un bloc pétrolier doit effectuer des travaux obligatoires de recherche dans un délai défini par l'État. En cas de découverte puis d'exploitation à venir, un bloc peut être découpé en plusieurs périmètres d'exploitation.

Code pétrolier : Texte de loi qui fixe les règles et grandes orientations régissant le fonctionnement de l'industrie pétrolière dans un pays. Il est souvent complété par un décret d'application.

Combustible : Matière première d'origine fossile ou provenant de la biomasse et qui est utilisée dans des processus de combustion. Dans une centrale thermique, le combustible peut être du charbon minéral, du gaz ou un dérivé du pétrole (fioul lourd, diesel).

Compacité énergétique : Capacité d'une source d'énergie à fournir de l'énergie. La compacité énergétique peut être volumique, c'est-à-dire correspondre au nombre de kilowattheures d'énergie pouvant être produit par unité de volume (litre, mètre-cube etc.) ; elle peut également être massique et faire référence au nombre de kilowattheures d'énergie pouvant être produit par unité de masse (kilogramme, tonne etc.)

Complétion : Action de « compléter » un puits de forage en y installant tout le matériel nécessaire à la production.

Contractant : Entité juridique formée par Petrosen et une ou plusieurs compagnies pétrolières. L'État signe un contrat de recherche et de partage de production (CRPP) qui organise la recherche et l'exploitation du pétrole par un contractant sur un bloc pétrolier déterminé.

COS-PETROGAZ : Comité d'orientation stratégique du pétrole et du gaz. Organe de décision et d'arbitrage chargé de définir la stratégie ou schéma directeur de l'État du Sénégal dans le secteur pétrolier et gazier.

Cost Oil : Part de la production de pétrole que les compagnies pétrolières consacrent au remboursement des coûts d'exploration, de développement et de production. Lorsque du gaz est produit, on parle de « Cost Gas ».

CRPP : Contrat de recherche et de partage de production. Type de contrat liant l'État du Sénégal aux compagnies pétrolières internationales associées à Petrosen. Le CRPP organise les aspects comptables, techniques, économiques et administratifs de l'exploration et, en cas de découverte commerciale, de l'exploitation des hydrocarbures.

Décret : Acte administratif par lequel le Président de la République approuve, proroge, renouvelle un contrat pétrolier et ses différentes phases (recherche, production).

Développement : Le développement est la phase intermédiaire entre l'exploration et la production. Il consiste à élaborer les stratégies, mener les études d'ingénierie et construire les infrastructures qui seront utilisées pour extraire, traiter, stocker et transporter les hydrocarbures.

DFI (ou « FID ») : Décision finale d'investissement qui vient sanctionner un projet de développement dans tous ses aspects (techniques, financiers etc.). Elle est émise par les compagnies et doit être approuvée, après examen, par l'État.

Diagraphies : Mesures physiques qui permettent, pendant ou après un forage, d'évaluer les caractéristiques physiques d'un réservoir (porosité, perméabilité) et son contenu éventuel en pétrole ou en gaz.

Direction des hydrocarbures : Direction du ministère en charge de l'Energie ou du pétrole au Sénégal qui est chargée de tenir un registre des droits pétroliers et d'effectuer le suivi des opérations pétrolières.

Effet de serre : Phénomène thermique dont le nom provient de l'agriculture effectuée sous des abris transparents appelés « serres ». L'effet de serre se traduit par une hausse de la température dans un espace fermé et exposé à du rayonnement solaire incident. La couverture (plastique d'une serre, pare-brise d'une voiture) de cet espace laisse entrer le rayonnement solaire mais ne laisse pas ressortir l'énergie thermique qu'il a apportée. Sur Terre, l'atmosphère agit comme une serre et le CO_2, le CH_4 et le N_2O, appelés « gaz à effet de serre », augmentent sa capacité naturelle à emprisonner la chaleur.

Effluent : Mélange de pétrole, de gaz et d'eau qui est produit à partir d'un gisement. Plus la production progresse, plus l'effluent contient de l'eau.

Energie : Grandeur physique qui mesure le changement d'état d'un système. L'énergie se conserve mais sa qualité (son « utilisabilité ») se dégrade au cours du temps. Utiliser de l'énergie, c'est changer le monde qui nous entoure.

Energie primaire : Energie contenue dans des ressources naturelles : pétrole, soleil, fleuve, gaz, bois etc. L'énergie primaire est transformée en énergie secondaire grâce à des dispositifs techniques (fourneau, moteur, centrale, barrages etc.)

Energie secondaire : Electricité ou chaleur. Il s'agit de l'énergie qui est générée à partir de l'énergie primaire grâce à des dispositifs techniques plus ou moins complexes.

Energie finale : Energie qui arrive au consommateur et qui est utilisée par celui-ci. Elle correspond à l'énergie secondaire « produite » (électricité, chaleur) à laquelle on soustrait les pertes due au transport jusqu'à l'utilisateur.

Energies fossiles : Sources d'énergie primaire accumulées dans des gisements géologiques âgés, en général, de plusieurs millions d'années. Les énergies fossiles sont non-renouvelables à l'échelle d'une vie humaine. Elles sont constituées par le minerai de charbon, le pétrole, le gaz et l'uranium.

Energies renouvelables : Ce sont les sources d'énergie primaire capables de se renouveler à l'échelle d'une journée ou d'une vie humaine. Exemple : Eau des barrages, vent, rayons solaires, marées, biomasse etc.

Exploration : Période où l'on recherche du pétrole. Cette phase dure quelques années et dépasse rarement une décennie. Elle est la phase la plus risquée de toutes les opérations pétrolières.

Evaluation : Phase qui succède à l'exploration et qui consiste à effectuer de nouveaux forages, des diagraphies et des essais de puits pour préciser la taille, la géologie et le débit des réservoirs d'un gisement.

FLNG : Acronyme signifiant « Floating liquefied natural gas ». Les FLNG sont des navires de production et/ou de liquéfaction du gaz naturel.

FOB : « Free on board ». Prix d'un pétrole brut à bord d'un tanker au départ du port d'expédition. Il correspond souvent au prix d'un pétrole brut de référence (Brent, Arabian light, West Texas Intermediate) avec une éventuelle différence de quelques dollars due à la qualité spécifique du pétrole brut qui doit être expédié.

Forage : Opération qui consiste à percer les roches du sous-sol terrestre pour tenter d'y trouver du pétrole et du gaz.

FPSO : Acronyme signifiant « Floating Production Storage and Offloading ». Les FPSO sont des navires spécialisés dans la collecte, le traitement, le stockage et l'enlèvement des hydrocarbures. Ils sont une alternative aux plateformes pétrolières fixes.

Gaz ou Gaz naturel : Hydrocarbure fossile qui est à l'état gazeux lorsqu'il est à l'air libre. Le gaz naturel peut être associé à du pétrole dans un réservoir, on parle alors de « gaz associé » ou être seul, on parle alors de « gaz sec ». Le gaz est essentiellement constitué par du méthane de formule chimique CH_4. Le gaz naturel liquéfié (GNL ou LNG en anglais) est du gaz naturel refroidi à des températures très basses (-165°C) et sous pression. Le gaz naturel est vendu par gazoduc (forme gazeuse) ou méthaniers (forme liquéfiée GNL).

GNL : Gaz naturel liquéfié. Voir gaz ou gaz naturel.

Independants : Mot anglais désignant des compagnies pétrolières de taille intermédiaire qui s'intéressent à des zones peu explorées. Elles prennent souvent le relais des juniors.

Juniors : Compagnies pétrolières de très petite taille, souvent formées par d'ex ingénieurs expérimentés issus des majors. Elles viennent souvent prendre possession de blocs pétroliers peu intéressants pour les grandes compagnies et y mènent les premières recherches.

Kérogène : Résidu solide issu de la maturation de la matière organique grâce à l'action bactérienne notamment. Il constitue le précurseur chimique du pétrole, tout comme celui du gaz naturel. C'est lui qui « génère » les hydrocarbures, d'où son nom.

Kilowattheures (kWh) : Unité de mesure de l'énergie produite par un organisme, une machine. Les kilowattheures peuvent exprimer de l'énergie électrique, calorifique ou mécanique. Le mégawattheure (MWh) et le gigawattheure (GWh) sont des multiples du kilowattheure. 1 GWh = 1000 MWh = 1 000 000 kWh.

Majors : Grandes compagnies pétrolières d'envergure internationale. Elles ont généralement plus de 50 000 employés dans le monde, détiennent des réserves un peu partout, affichent des capitalisations boursières de quelques dizaines de milliards de dollars et ne s'intéressent qu'aux gisements ayant des réserves de plusieurs centaines de millions à plusieurs milliards de barils équivalent pétrole.

Matière organique : Molécules constituées principalement de carbone (C), d'hydrogène (H), d'oxygène (O) et d'azote (N). Elles sont contenues dans les cellules des êtres vivants et notamment des algues qui prolifèrent à la surface de l'océan. Cette matière organique se dépose dans les fonds océaniques une fois que ces algues meurent. Parfois préservée grâce à l'absence d'oxygène, elle peut être incorporée à des boues. Cette mixture sombre forme le précurseur des roches mères qui génèreront le pétrole.

Mégawatts (MW) : Unité de mesure de la puissance qui peut être produite par une installation électrique (centrale thermique, centrale solaire etc). Cette puissance n'est jamais atteinte à 100 %. Exemple : Au Sénégal, une centrale solaire ayant une puissance installée de 30 MW ne produira jamais d'électricité de 20h à 5h du matin (luminosité nulle), soit pendant 9 heures sur 24.

Offshore : En mer. Traduction de l'anglais « loin des côtes »

Onshore : Sur la terre ferme. Traduction de l'anglais « sur les côtes ».

Pétrole : Composé naturel fossile et liquide, contenant plusieurs hydrocarbures. Il est formé sous l'effet de la chaleur interne de la terre à partir d'un précurseur appelé kérogène, lui-même formé à partir de matière organique végétale. Le pétrole est piégé dans des réservoirs géologiques rocheux d'où il est exploité. Une fois produit, il doit être raffiné pour être séparé en ses divers constituants (essence, gasoil, kérosène, naphta etc.)

Petrosen : Société des Pétroles du Sénégal. Il s'agit de la société nationale pétrolière sénégalaise. Elle constitue un partenaire obligatoire pour toute compagnie pétrolière internationale qui souhaite mener des opérations au Sénégal.

Production : Période où l'on exploite un gisement pétrolier. La production dure plusieurs années voire plusieurs décennies et connait une phase de montée en puissance, une phase de plateau et une phase de déclin. Elle se conclut par l'abandon et la désinstallation des structures de production.

Pic de production : Valeur maximale que peut atteindre la production d'un gisement, d'une province pétrolière ou d'un pays.

Pièges : Structures géologiques qui permettent d'emprisonner du pétrole ou du gaz en quantité commerciale. Les pièges doivent comporter une roche réservoir et une roche imperméable qui sert de couverture.

Profit Oil : Part de la production pétrolière que l'État et le contractant se partagent après que celui-ci ait déduit le « Cost Oil » pour rembourser les investissements de départ. Les parts de chacun dépendent d'un critère fixé par le CRPP. Ce critère de répartition peut être les volumes journaliers de production, le facteur R, la rentabilité globale du projet etc.

Puits positif : Forage d'exploration dans lequel des traces d'hydrocarbures significatives ont été découvertes.

Puits sec : Forage d'exploration dans lequel du pétrole n'a pas été retrouvé.

Puits de délinéation : Forage d'évaluation qui permet de préciser la géométrie, l'épaisseur, la porosité et la perméabilité d'une roche réservoir qui a déjà donné un résultat positif lors d'un forage d'exploration.

Raffinage : Opération thermique et chimique qui permet de séparer le pétrole brut en ses différents constituants que sont le naphta, le butane, le diesel, le kérosène, le gasoil, le fioul lourd etc.

Redevance : Prélèvement en nature ou en espèces effectué par l'État sur la production totale sortie du sous-sol. La redevance est appliquée, en général, dans le cadre d'un contrat de concession (convention).

Réserves : Quantités de pétrole découvertes en quantité commerciale, encore dans le sous-sol et exploitables d'un point de vue technique et économique. Les réserves sont classées en probabilités de certitude d'exploitabilité. Réserves prouvées (1P, probabilité de 90 %), les réserves prouvées + probables (2P, probabilité de 50 %) et les réserves prouvées + probables + possibles (3P, probabilité 10 %).

Réservoir : Roche poreuse et perméable qui peut permettre l'accumulation de pétrole, de gaz et/ou d'eau. Les roches réservoirs peuvent être des calcaires fracturés ou poreux, du sable, des grès (sable compacté) etc.

Ressources : Volume total de pétrole qui est dans un gisement.

Ressources contingentes : Volume de pétrole découvert mais qui ne peut pas encore être considéré comme des réserves. Les ressources contingentes (ressources C) sont classées en probabilités de certitude d'exploitabilité. Ressources 1C (Probabilité 90 % ou P90), ressources 2C (P50), ressources 3C (P10).

Roche-mère : Roche sédimentaire contenant en général 0,5 à 15 % de son poids en matière organique, ce qui lui a permis de créer du kérogène puis du pétrole ou du gaz. Elle a très souvent un aspect sombre, noirâtre. Les roches-mères sont souvent des schistes.

SEC : Security and exchange commission. Autorité de surveillance boursière américaine. Elle conserve sur son site web des déclarations financières des compagnies pétrolières internationales.

Sédiments : Roches issues du dépôt de particules qui étaient en suspension, en général, dans de l'eau. Les roches-mères (sédiments fins) tout comme les roches réservoirs (sédiments sableux ou calcaires) sont des roches sédimentaires.

Sismique réflexion : Technique d'imagerie géophysique qui permet de modéliser l'organisation dans roches dans le sous-sol. L'exploration pétrolière débute par une analyse des images sismiques déjà existantes sur un bloc pétrolier et se poursuit souvent par une nouvelle campagne sismique.

Tanker : navire spécialisé dans le transport du pétrole brut

Taux de récupération : Il s'agit du rapport réserves/ressources. Le taux de récupération mesure le pourcentage de pétrole ou de gaz qui a pu être produit par rapport à la quantité totale de pétrole ou de gaz initialement contenue dans le réservoir.

TEP - Tonne équivalent pétrole : Quantité d'énergie pouvant être produite par une tonne de pétrole. Une TEP vaut 11 630 kWh d'énergie thermique. Ses multiples sont le million de tep (Mtep) utilisé pour mesurer la consommation d'énergie dans un pays, et le milliard de tep (Gtep) utilisé pour mesurer la consommation mondiale d'énergie (13,3 Gtep en 2016).

Trépan : Extrémité métallique (souvent en alliage de tungstène) d'une tige de forage sertie de cristaux de diamant qui permet de broyer les roches durant le forage. Le trépan s'use et doit être remplacé régulièrement.

Bibliographie et sites web utiles

BIBLIOGRAPHIE

AEME, Agence pour l'économie et la maîtrise de l'énergie et PMC, Performance Management Consulting, 2015, *Stratégie de Maîtrise de l'Energie au Sénégal (SMES)*, ministère de l'Energie et du développement des énergies renouvelables, République du Sénégal.

AIE, Agence internationale de l'énergie, 2017, *Global EV Outlook 2017 Two million and counting*, OCDE/AIE, Paris.

AIE, Agence internationale de l'énergie, 2017, *World Energy Outlook-2016*, OCDE/AIE, Paris.

ANSD, Agence nationale de la statistique et de la démographie, 2015, *Enquête démographique et de santé continue 2014 (EDS-continue 2014)*. ministère de l'Economie, des Finances et du Plan, République du Sénégal.

ANSD, Agence nationale de la statistique et de la démographie, 2017, *Enquête de démographie et de santé continue 2016 (EDS-continue 2016)*, ministère de l'Economie, des Finances et du Plan, République du Sénégal.

ANSD, Agence nationale de la statistique et de la démographie, *Note d'analyse du commerce extérieur édition 2016 (NACE 2016)*, ANSD, ministère de l'Economie des Finances et du Plan, République du Sénégal.

ATTANASI, E.D., FREEMAN, P.A., and GLOVIER, J.A., 2007, *Statistics of petroleum exploration in the world outside the United States and Canada through 2001*: USGS Circular 1288

AUZANNEAU, Matthieu, 2015, *Or noir, la grande histoire du pétrole*, Paris, Editions la Découverte/Poche.

BAD, Banque africaine de développement, 2009, *Résumé non technique de l'étude d'impact économique et social de Sendou 125 MW Centrale à Charbon Sénégal*.

BINDEMANN, Kirsten, 1999, *Production-sharing agreements: an economic study*. WPM25, Oxford, Oxford Institute for energy studies.

BJORLYKKE, Knut, 2010, *Petroleum geosciences : from sedimentary environments to rock physics*, Berlin, Springer.

BOY DE LA TOUR, Xavier, 2003, *Le pétrole au-delà du mythe,* Paris, Editions Technip.

BP, British Petroleum, 2016, *BP Statistical Review of World Energy 2016,* BP p.l.c, 1 St James's Square, London SW1Y 4PD, UK.

BP, British Petroleum, 2017, *BP Statistical Review of World Energy 2017,* BP p.l.c, 1 St James's Square, London SW1Y 4PD, UK.

BRET-ROUZEAU, Nadine et Jean-Pierre FAVENNEC, 2011, *Recherche et production du pétrole et du gaz : réserves, coûts et contrats*, 2nde édition, Paris, Editions Technip.

CNRI, Commission nationale de réforme des institutions, 2013, *Rapport de la commission de réforme des institutions au Président de la République du Sénégal*, République du Sénégal.

CRSE, Commission de régulation du secteur de l'électricité, 2017, *Révision des conditions tarifaires de Senelec, période tarifaire 2017 - 2019, 2eme consultation publique*, ministère de l'Energie et du développement des énergies renouvelables, République du Sénégal.

DARMOIS, Gilles, 2013, *Le partage de la rente pétrolière, État des lieux et bonnes pratiques,* Paris, Editions Technip.

DUPARC, Agathe, GUENIAT, Marc et Olivier LONGCHAMP, 2017, *Gunvor au Congo. Pétrole, cash et détournements : les aventures d'un négociant suisse à Brazzaville*, Public Eye.

DIEYE, Fatou Bintou, 2013, *« Analyse de la gestion d'approvisionnement et de distribution des produits pétroliers au Sénégal »*, Mémoire de Master 2, Institut Supérieur de Transport Logistique (IST), Groupe SupdeCo.

FIZAINE, Florian and Victor COURT, 2017, *Long-term estimates of the energy-return-on-investment (EROI) of coal, oil, and gas global productions*.

GIEC, 2013: *Résumé à l'intention des décideurs, Changements climatiques 2013: Les éléments scientifiques. Contribution du Groupe de travail I au cinquième Rapport d'évaluation du Groupe d'experts intergouvernemental sur l'évolution du climat* [sous la direction de Stocker, T.F., D. Qin, G.-K. Plattner, M. Tignor, S. K. Allen, J. Boschung, A. Nauels, Y. Xia, V. Bex et P.M. Midgley]. Cambridge University Press, Cambridge, Royaume-Uni et New York (État de New York), États-Unis d'Amérique.

GRAS, Alain, 2007, *Le choix du feu : Aux origines de la crise climatique*, Paris, Fayard.

HEIDARI, Fariba, 2014, *Boom pétrolier et syndrome hollandais en Iran : une approche par un modèle d'équilibre général calculable*. Thèse de doctorat, Economies et Finances, Université Nice Sophia Antipolis.

IEO2016: U.S. Energy Information Administration (EIA), *International Energy Outlook 2016*, DOE/EIA-0484(2016) (Washington, DC: May 2016)

IGE, Inspection générale d'État, 2014, *Rapport public sur l'état de la gouvernance et la reddition des comptes*, Présidence de la République, République du Sénégal.

IRENA, International renewables agency, 2017, *Electricity storage and renewables: costs and markets to 2030*, IRENA.

KLEIN, Etienne, 2012, « *De quoi l'énergie est-elle le nom ? »*, Conférence publique à l'Institut national des sciences et techniques nucléaires (INSTN) de Saclay, Paris, Centre pour l'énergie atomique (CEA).

KLOFF, Sandra et Clive WICKS, 2004, *Gestion environnementale de l'exploitation de pétrole offshore et du transport maritime pétrolier*, UICN CEESP.

LOI 98-05 du 8 janvier 1998 portant CODE PETROLIER, 1998, République du Sénégal.

MA, Qiao, 2016, *Disease Burden from Coal Combustion and Other Major Sources in China,* Tsinghua University, Beijing, China.

NORGES BANK INVESTMENT MANAGEMENT, 2016, *Government Pension Fund Global - annual report 2015*, Oslo, Norges bank investment management.

PSE, Plan Sénégal Emergent, 2014, *Chapitre IV : Fondements de l'Emergence, 4.1 Résolution de la question vitale de l'Energie*, République du Sénégal, p.92-94.

ROGERS, Kara, 2010, *Max Planck in The 100 most influential scientists of all time*, Britannica Educational Publishing, New-York, p. 222-225.

SIE Sénégal, *Système d'information énergétique du Sénégal rapport 2010*, 2010, ministère de la coopération internationale, des transports aériens, des infrastructures et de l'énergie, République du Sénégal.

STIGLITZ, Joseph E. and Nicolas STERN, 2017, *Report of the High-Level Commission on Carbon Prices*, High-Level Commission on Carbon Prices, World Bank.

TORDO, Silvana, Michael WARNER, Osmel E. MANZANO, and Yahya ANOUTI. 2013. *Local Content Policies in the Oil and Gas Sector*. World Bank Study. Washington, DC: World Bank.

TORRES, César Said Rosales, 2015, *Norway's oil and gas sector: How did the country avoid the resource curse?*, Revista tempo do mundo, p.93-107.

TOURNIS, Véronique et Michel RABINOVITCH, 2009, *Les ressources naturelles pour la fabrication des engrais : une introduction*, Géologie, histoire et marché des engrais minéraux, Revue Géologue n°162, p.37-44.

VIVERET, Patrick, 2002, *Reconsidérer la richesse*, Rapport au Secrétaire d'État à l'Economie solidaire, République française, p.29

SITES WEB UTILES

Compagnies pétrolières internationales

- British Petroleum : www.bp.com
- Kosmos Energy : www.kosmosenergy.com
- Cairn Energy : www.cairnenergy.com
- FAR Limited : www.far.com.au
- Woodside : www.woodside.com.au
- Total : www.total.com

Institutions internationales

- Banque Mondiale : www.worldbank.org
- Security and Exchange Commission (SEC) : www.sec.gov
- Agence internationale de l'énergie : www.iea.org
- Agence internationale des énergies renouvelables : www.irena.org
- GIEC : www.ipcc.com

Institutions étatiques sénégalaises

- Ministère de l'Energie ou du Pétrole : www.energie.gouv.sn
- Petrosen : www.petrosen.sn
- SAR : www.sar.sn
- SENELEC : www.senelec.sn
- CRSE : www.crse.sn
- ANSD : www.ansd.sn

Actualités sur le pétrole en Afrique et dans le monde

- Offshore magazine : www.offshore-mag.org
- Oil and gas journal : www.ogj.com
- Agence Ecofin : www.agenceecofin.com/hydrocarbures

Culture générale sur le pétrole, les énergies renouvelables et le climat

- Sénégal énergies : www.senegal-energies.com
- Connaissance des énergies : www.connaissancedesenergies.org
- Jean Marc Jancovici : www.jancovici.com

ISBN : 978-2955988602

Dépôt légal : mars 2018

Achevé d'imprimer chez ILP Dakar le 29-05-2018

N° impression : 294 1